GÄRTEN ZUM WOHLFÜHLEN

Tobias Pehle

GÄRTEN ZUM WOHLFÜHLEN

WOHNEN, ENTSPANNNEN, GENIESSEN

ULMER

Inhalt

Der Garten – Lebensraum
für Natur und Mensch 6

Der Garten –
eine Wohnung für sich 7
Die grünen Zimmer 7
Bepflanzung schafft Ambiente 8
Harmonisch gestalten 9
Gartenplanung in der Praxis 10
Schattige Sitzbereiche 10
Sonnige Liegeplätze 11
Weitere Zonen im Garten 11
Top-Ten-Tipps
zur Gartengestaltung 12
Gartentypen im Überblick 15
Bauerngarten 15
Formaler Garten 15
Japanischer Garten 15
Liebhabergarten 16
Mediterraner Garten 16
Moderner Garten 17
Naturnaher Garten 17
Steingarten 17
Wassergarten 17
Schritt für Schritt
zum Traumgarten 18
Bestandsaufnahme 18
Grundentwurf 18
Bepflanzungsplan 18
Musterplanungen im Vergleich 19
Familiengarten 19
Entspannungsgarten 20
Geselliger Garten 21

Der Entspannungsgarten 22

Sinnlich entspannen 23
Mit den Augen entspannen 23
Sanfte Formen beruhigen 25
Der Natur lauschen 25
Der Duft der Natur 27

Aktiv entspannen 28
Der Naschgarten 28
Der Erlebnisgarten 29
Entspannen pur 30
Schützende Umgebung 30
Inselcharakter schaffen 31
Natürlicher Sonnenschutz 32
Laubbäume 32
Rankpflanzen 33
Flanieren im Garten 34
Die Grundstruktur 34
Funktionswege 34
Der Erlebnisweg 35
Treppen 36
Randbefestigung 37
Durch- und Übergänge 38
Wasser im Garten 39
Feng-Shui: Mehr Harmonie
im Garten 40
Die Kraft des Chi 40
Yin und Yang 42
Das Bagua 43
Die Kraft der Symbole 43
Top-Ten-Tipps zu
Feng-Shui im Garten 44

Schöner wohnen – Gartenmöbel 46

Gärten mit Möbeln einrichten 47
Kaufkriterien 48
Witterungsbeständigkeit 48
Handhabung 48

Lagerungseigenschaften
der Gartenmöbel 49
Pflegeintensität 49
Gartenmöbel im Überblick 50
Sonnenliegen 50
Gartensessel 51
Tische und Stühle 52
Bänke 54
Weitere Gartenmöbel 54
Gartenmöbelpflege 55
Kissen und Auflagen 56
Auswahlkriterien 56
Auflagen selber nähen 57
Sonnenschirme 58
Markisen, Segel, Sonnenpavillons .. 59

Treffpunkt Garten –
gemeinsam genießen 60

Gesprächszeit 61
Nähe und Intimität 61
Gesprächsoasen 62
Gesellige Runden 63
Top-Ten-Tipps
zur Sitzplatzgestaltung 64
Gartenparty 66
Der Partyraum Garten 66
Die richtige Bestuhlung 66
Das Buffet 67
Lichtzauber 67
Der Grillplatz – die Küche
im Garten 68
Der richtige Grill 68
Der optimale Grillplatz 70
Fest installierte Grills 70

Freizeitraum Garten –
Spiel, Spaß, Lebensfreude 72

Die Spielwiese – Freiraum
für Jung und Alt 73
Gestaltung der Spielwiese 73
Gartenparadies für Kinder 74
Sandkasten 74

Klettergerüst 74
Baumhaus 75
Wasserfreuden 76
Gärtnern – das grüne Hobby 77
Gerätehäuschen 77
Gartenhilfen 78
Früh- und Hochbeete 78
Gewächshäuser 79

Highlight –
der Garten am Abend 80

Licht für den Lebensraum Garten 81
Die Spielarten des Lichts 81
Leuchten: Kaufkriterien 83
Außenleuchten im Überblick 84
Strahler 84
Niedervolt-Gartenleuchten-Sets 85
Solarleuchten 86
Deckeneinbau-
und -aufbauleuchten 86
Wandleuchten 86
Fluter 87
Mast- und Pollerleuchten 87
Wasserdichte Leuchten 87
Weitere Leuchten 88
Offenes Licht 88
Top-Ten-Tipps
zur Gartenbeleuchtung 89
Sicherheit auf Wegen und Treppen 93

Register 94

Der Garten – Lebensraum für Natur und Mensch

Der Garten – eine Wohnung für sich

Der Traum von einem schönen Garten ist so individuell und einzigartig wie die Menschen selbst, die ihn träumen. Jeder verbindet damit eigene Vorstellungen von Naturerlebnis, Ästhetik und Sinnlichkeit.

Im Mittelpunkt stehen dabei allerdings nur selten konkrete Vorstellungen von einzelnen Pflanzen, Materialien oder Gestaltungselementen, sondern vielmehr Gefühle und Bilder – so zum Beispiel solche von Ruhe und Entspannung, von Gemeinschaft und Geborgenheit, von Freiheit und Familienerlebnis: Junge Familien wünschen sich beispielsweise einen sicheren, naturnahen Entfaltungsraum für ihre Kinder, Berufstätige suchen Oasen zum Entspannen und Abschalten, ältere Menschen lieben Orte zum Genießen von Natur und Geselligkeit.

Eine Terrasse oder ein großzügiger Sitzplatz bildet den Lebensmittelpunkt im Garten

Die grünen Zimmer

Die Vorstellungen vom schönen Garten, die Ansprüche an das „grüne Zimmer" ähneln dabei denen an ummauerte Räume. Auch hier drehen sich die Gedanken nicht so sehr um einzelne Elemente oder Einrichtungsgegenstände, sondern um eine individuell gestaltete Einheit, die alle Facetten der eigenen Lebensgestaltung abdecken und vieles erst ermöglichen kann.

Ein schön gestalteter Garten gleicht einer gut aufgeteilten Wohnung mit mehreren Räumen, die je nach Bedürfnis und Stimmungslage unterschiedliche Ansprüche und Erwartungen erfüllen kann.

Im Mittelpunkt steht zumeist eine großzügige Terrasse, die – wie das Wohnzimmer – Platz für Begegnung, Gemeinsamkeit und Spaß bietet. Ein großer Tisch mit bequemen Stühlen lädt hier zum gemütlichen Beisammensein ein; Freiflächen bieten ausreichend Bewegungsraum und die spürbare Natur schafft ein angenehmes Ambiente.

Ein Stück weiter ist Platz für Ruhe und Entspannung. Sonnenliegen, eine Hängematte oder eine Bank verführen zum Faulenzen, Abspannen und Erholen. Wie im Schlafzimmer des Hauses können hier Träume auf Reisen gehen, hier ist der Platz, die Seele baumeln und den Alltag hinter sich zu lassen.

Das Kinderzimmer ist ganz auf das Alter des Nachwuchses zugeschnitten. Die ganz Kleinen vergnügen sich im Sandkasten, Grundschulkinder toben sich an Spielgeräten aus oder spielen im Baumhaus. Eine Wiese dient Jungen und Junggebliebenen als Ballspielfläche, Tischtennisfeld oder Bocciabahn.

Je nach Grundstücksgröße oder individuellen Vorlieben kommen weitere Zimmer hinzu – ein kleines Esszimmer zum Beispiel mit Bistrotisch und passenden Stühlen für ein entspanntes Frühstück oder den kleinen Imbiss zwischendurch. In einer ruhigen, schattigen Ecke lädt ein Mini-Lesezimmer mit bequemem Stuhl und kleinem Tisch zum Schmökern ein. Hier ist auch Platz zum Briefeschreiben oder für Büroarbeit unter freiem Himmel.

Grill oder Gartenkamin umreißen die sichtbare Küche des Gartens, in der man sich nur bücken muss, um frische Kräuter, Gemüse oder Obst zu ernten. Das Gartenhäuschen ist Abstellraum und Arbeitszimmer zugleich. Auf den Gärtner warten hier Harke und Rosenschere, Blumenerde und Dünger, Tontöpfe und Pflanzhilfen.

Bepflanzung schafft Ambiente

Wie sich die einzelnen Räume zusammenfügen und welche Entfaltungsmöglichkeiten ein Garten bietet, ist allein eine Frage der individuellen Vorlieben.

Die Bepflanzung spielt dabei zunächst nur eine untergeordnete Rolle. Sie trennt zwar – ähnlich wie die Wände im Hausinnern – Bereiche ab, unter raumbildenden Aspekten aber hat sie letztlich nur eine Dekorfunktion. Auch hier drängt sich der Vergleich zum ummauerten Wohnraum auf: Eine leere Wohnung wirkt immer nackt und leer. Erst die Farbe an den Wänden, Böden sowie Teppiche, Möbel und Bilder lassen Atmosphäre und Ambiente entstehen. Im Garten ist dies nicht anders. Die Bepflanzung prägt gemeinsam mit Gartenbauelementen wie Pflaster, Holz und Naturstein sowie den Gartenmöbeln das eigentliche Wohngefühl im grünen Zimmer. Der Vergleich mit der Architektur zeigt auf, wie entschei-

Bepflanzung und Gartenmöbel prägen das Ambiente im grünen Zimmer Garten

T I P P

Wie Bepflanzung, Gartenmöbel oder andere Gestaltungselemete zusammenwirken, lässt sich am besten am praktischen Beispiel sehen: Sich in verschiedenen Gärten umzuschauen, bewusst auf die Grund- und Detailgestaltung zu achten und so zu lernen, ist einer der besten Wege zur Gestaltung des eigenen Traumgartens.

dend die Grundplanung für einen Garten ist – ganz gleich, wie man ihn letztlich ausgestaltet, ob als romantischen Bauerngarten, als urwüchsigen Steingarten oder auch als japanischen Garten.

Grundplanung und Gartengestaltung lassen sich dabei allerdings nicht voneinander trennen: Die Kunst eines schönen Gartens besteht vielmehr darin, die raumgestaltende Planung mit den raumbildenden Elementen zu einer Einheit zu verbinden. Große Bedeutung kommt hier neben der Grundstücksgröße vor allem auch dem architektonischen Grundstil des Hauses und der Umgebungsbebauung zu.

Harmonisch gestalten

So macht es beispielsweise wenig Sinn, im Garten eines Reihenhauses parkähnliche Strukturen wie bei einem herrschaftlichen Anwesen realisieren zu wollen. Auch wenn dieses Beispiel überzogen scheint: Ein Bauerngarten gliedert sich grundsätzlich wesentlich harmonischer an traditionell gestaltete Gebäude als an moderne Architektur an. Natürlich können auch hier bewusst gesetzte, romantische Akzente reizvolle Spannung erzeugen – genau wie moderne Möbel in steinalten Gebäuden. Wesentlich einfacher – und meist auch überzeugender – aber ist es, sich auf den Stil des Hauses auch bei der Ausgestaltung des Gartens einzulassen.

Bei allen Vorlieben, Ideen und Wünschen, die sich bei der Gartenplanung ausmalen lassen, bildet die Grundstücksgröße immer den festen Rahmen, in dem man sich bewegt. Bei den hohen Grundstückspreisen, vor allem in Ballungsräumen, wirkt die geringe Grundstücksgröße meist wie ein Korsett: Auf kleinen Grundstücken engt sie den Entscheidungsspielraum deutlich ein. Um so entscheidender ist hier eine durchdachte Grundplanung,

die die Nutzungsfunktionen des Gartens genau umreißt – und die sind meist sehr eng mit dem Alter und den Lebensgewohnheiten der Bewohner verbunden.

Für eine Familie mit Kindern ist beispielsweise viel Freiraum für Sport und Spiel im Garten unerlässlich – für kinderlose Berufstätige oder ältere Menschen hingegen spielen solche Flächen so gut wie keine Rolle.

Bei der eng bemessenen Freizeit der meisten Menschen spielt auch die Pflegeintensität des Gartens bei der Planung eine wichtige Rolle. Stauden- oder Nutzgärten erfordern beispielsweise weitaus mehr Pflege als eine wildromantische Gartenfläche, die weitgehend ohne großen zeitlichen Pflegeaufwand ihre Attraktivität entfalten kann.

Mit Liebe ausgewählte und gestaltete Details (li.) und das harmonische Zusammenspiel von unterschiedlichen Pflanzen und Pflanzzonen (u.) zeichnen einen schönen Garten aus

Gartenplanung in der Praxis

Der wichtigste Faktor, den es bei der Planung eines Gartens zu berücksichtigen gilt, ist die Sonne – und das auf allen Ebenen. Nicht nur, dass jede Pflanze ein bestimmtes Maß an Sonnenlicht benötigt, auch bei der Zuweisung von Funktionsräumen im Garten spielen Licht und Schatten eine entscheidende Rolle. Eine optimale Planung berücksichtigt dabei den Sonnenstand während des Tagesverlaufes und weist den Funktionsbereichen dementsprechende Standorte zu.

Schattige Sitzbereiche

Im Sommer ist der großzügige Gartentisch vor allem dann ein beliebter Treffpunkt, wenn schattenspendender Sonnenschutz für Wohlbefinden sorgt

Für Sitzbereiche sind eher schattige Standorte empfehlenswert – vor allem der großzügige Gartentisch mit mehreren Sitzplätzen benötigt keinen sonnigen Standort. Gerade im Sommer empfindet man hier zu starke Sonneneinstrahlung eher als störend. Steht der Tisch in der prallen Sonne, geht es ohne Sonnenschirm nicht.

Der Gartentisch ist auf der Nordseite eines Gartens optimal platziert. Besonders sinnvoll ist eine Randlage in Hausnähe, die die Wege verkürzt. Empfehlenswert ist zudem eine Teil- oder Ganzüberdachung, die vor Regen schützt, sowie eine geschlossene Rückwand nach Norden, die am Abend oder an kühleren Tagen die Kälte etwas abhält.

Ein Sitzplatz allein erfüllt selten alle Wünsche für einen optimalen Genuss im Garten. Wer gerne unter freiem Himmel frühstückt, genießt gerne auch die ersten Sonnenstrahlen des Tages. Dazu muss der Tisch im Westen mit freiem Lichteinfall von Osten her stehen. Da die Sonne morgens noch sehr flach am Himmel steht, sollte die Freifläche für den Lichteinfall entsprechend groß bemessen sein. An Sommermorgen wird eine leichte Verschattung durch lichtes Baumgrün als besonders angenehm empfunden.

Einzelne Sitzplätze, wie zum Beispiel eine allein stehende Gartenbank, platziert man gerne in Blickrichtung auf ästhetisch besonders schöne Gartenbereiche. Berufstätige Menschen, die während der Woche den Garten nur abends nutzen können, schätzen im Frühling und im Herbst solche Plätze vor allem dann, wenn sich hier die letzten Sonnenstrahlen des Tages genießen lassen. Dazu wählt man einen östlichen Standort mit freiem Lichteinfall von Westen. Während des Tages hingegen sollte der Sitzplatz nach Möglichkeit durch eine entsprechende Bepflanzung südlich des Sitzplatzes leicht verschattet sein.

Sonnige Liegeplätze

Sonnenliegen stehen natürlich am besten frei in nördlicher Position im Garten – nur dann kommt man beim Sonnenbad ohne das lästige „Liegenrücken" aus. Als angenehm wird ein Sichtschutz empfunden, der den Liegeplatz nach Norden und Osten hin oder aber vor neugierigen Blicken abschottet (siehe auch Seite 30 ff.).

Weitere Zonen im Garten

Kinder fühlen sich während des Sommers an leicht verschatteten Orten am wohlsten. Vor zu viel Sonne müssen vor allem die ganz Kleinen geschützt werden. Sandspielkästen platziert man im Schatten – optimal in unmittelbarer Nähe zu Sitzplätzen, von denen aus die Kinder gut im Blickfeld der Eltern sind. Spielgeräte sind am besten unter großen alten Bäumen aufgehoben, können aber auch gut auf einer freien Rasenfläche platziert werden.

Für alle anderen Lebensräume im Garten gilt: Man positioniert sie am besten dort, wo Platz ist. Das gilt vor allem für den Grillplatz und das Gartenhäuschen. Freie Spielflächen lassen sich naturgemäß am besten nutzen, wenn sie unbepflanzt bleiben. Aber auch hier gilt im Sommer: Leichter Schatten ist angenehm. Das erreicht man durch eine Baumpflanzung in südlicher Richtung.

Gegensätzliche Planungsansprüche:

1. Ein Sitzplatz sollte möglichst an einem schattigen Ort positioniert werden

2. Der optimale Platz fürs wohltuende Sonnenbad liegt in einem unbeschatteten Bereich

TIPP

Die optimalen Standorte aller Funktionsbereiche im Garten bestimmt man am besten vor Ort. Beobachten Sie die Sonneneinstrahlung während des Tagesverlaufs genau und probieren Sie unterschiedliche Platzierungen mit einem Stuhl oder mit einer Liege in der Praxis aus. Machen Sie sich dementsprechende Planungsnotizen.

DIE WICHTIGSTEN FUNKTIONSRÄUME IM GARTEN

Funktion	Minimale Größe	Empfohlene Größe	Licht und Schatten
Terrasse mit großem Gartentisch	8 m²	16 m²	schattig
Sitzplatz im Grünen	3 m²	8 m²	leicht verschattet
Liegebereich	4 m²	8 m²	sonnig
Grillplatz	2 m²	4 m²	–
Sandkasten für Kleinkinder	3 m²	6 m²	schattig
Rasenfläche zum Spielen	16 m²	40 m²	–
Spielgeräte	12 m²	18 m²	leicht verschattet
Gartenhäuschen	6 m²	12 m²	–

Top-Ten-Tipps zur Gartengestaltung

Kein Garten gleicht dem anderen, denn es gibt keine festen Regeln für Gestaltung und Bepflanzung. Doch so sehr Individualität und Einzigartigkeit zählen – einige wichtige Gestaltungsregeln gelten für alle Gartentypen:

1. Auf Zeit planen

Ein Garten entwickelt seine Schönheit erst im Laufe der Jahre, wenn die Pflanzen ihre endgültige Form und Größe erreicht haben. Vor allem bei der Neugestaltung eines Gartens wird schnell der Fehler gemacht, zu viel anzupflanzen und den Garten auf diese Weise zu überfrachten. Weniger ist oft mehr – das gilt vor allem für Bäume (etwa Buche oder Zeder) und Sträucher (Rhododendron, Schneeball u. a.), die aufgrund ihrer Größe mit den Jahren immer dominanter werden.

2. Das gesamte Gartenjahr im Auge haben

Ein gut gestalteter Garten entfaltet das ganze Jahr über seine Reize – und nicht nur im Frühling und im Frühsommer, wenn besonders viele Pflanzen blühen. Bei der Auswahl der Gewächse gilt es also auch auf Blütezeiten und Laubverhalten zu achten – so setzen immergrüne Pflanzen auch im Winter noch Akzente im Garten.

3. Umgebungsflächen mit einbeziehen

Kein Garten steht für sich allein – Nachbarbebauung, freie oder verbaute Blicke und angrenzende Grün- und Gartenflächen prägen den Gesamteindruck maßgeblich mit. Dies gilt es bei der Planung angemessen zu berücksichtigen, indem man auf der einen Seite unattraktive Anblicke durch eine entsprechend dichte Bepflanzung (etwa mit Hecken, Sträuchern oder Gehölzen) oder einen Sichtschutzzaun mindert und schöne Ausblicke nicht „verbaut". Unschöne Ansichten lassen sich auch durch das Aufstellen eines Gartenhäuschens kaschieren.

4. Räume bilden

Einer guten Gartenplanung liegt stets ein ausgewogenes Verhältnis unterschiedlicher Nutz- und Pflanzräume zugrunde. Ob Staudenbeet oder Rasen, Terrassenfläche, Gehölze oder Nutzgarten – wenn die einzelnen Raumelemente klar gegliedert sind, erzeugen sie eine spürbare Ruhe, vor deren Hintergrund die einzelnen Pflanzen in ihrer Form- und Farbschönheit erst richtig zur Entfaltung kommen.

Die Bepflanzung in diesem Garten gibt den schönen Blick auf einen Hügel frei, während unattraktive Nachbargebäude verdeckt werden

5. Spannung erzeugen

Gärten, die mit einem Blick zu erfassen sind, wirken eher langweilig. Durch unterschiedliche Höhen von Pflanzzonen, Sichtsperren, Vorsprünge oder Wegabzweigungen entstehen versteckt liegende Bereiche, die für Spannung sorgen und die Lust an einer Entdeckungsreise durch den Garten wecken.

Darüber hinaus tragen Kontraste aller Art zur Spannung bei, so zum Beispiel hell und dunkel, senkrecht und waagerecht oder nah und fern.

6. Blickpunkte setzen

Einzelne, attraktive Pflanzen, Kunstobjekte oder Gartenmöbel ziehen die Aufmerksamkeit des Betrachters auf sich und lenken den Blick. Das Auge wandert unwillkürlich von einem Blickpunkt zum nächsten, es entstehen Blickachsen, die den Garten vielfältig und ästhetisch erscheinen lassen. Die Blickpunkte springen um so mehr ins Auge, je deutlicher sie sich durch Farb- oder Helligkeitskontraste von den Umgebungsflächen abheben. Fehlen sie, wandert das Auge orientierungslos hin und her.

7. Perspektiven schaffen

Kleine Gärten kann man durch geschickte Perspektiven optisch recht gut vergrößern. So erzeugen zum Beispiel sich leicht nach hinten verjüngende Wege räumliche Tiefe.

Eine ähnliche Wirkung erzielen lange Geraden. Wichtig ist eine Betonung des Vordergrunds zum Beispiel durch Kübelpflanzen. Bei langen, schlauchartigen Grenzen schaffen abwechselnd von links und rechts in die Mittelachse hereinragende Beete oder Pflanzen optische Breite.

TIPP

Wenn ein Garten nach der Neugestaltung aufgrund der geringen Pflanzdichte zu licht erscheint, kann man die Lücken vorübergehend mit preiswerten, schnell wachsenden Pflanzen füllen. Diese werden dann nach zwei bis vier Jahren entfernt, wenn die Primärbepflanzung eine ausreichende Größe erreicht hat.

Objekte wie diese Statue fangen den Blick, wenn sie sich durch einen starken Helligkeitskontrast deutlich vom Hintergrund abheben

Eine bewusst gestaltete Wegführung schafft Perspektiven, die den Garten größer erscheinen lassen

8. Farben harmonisch komponieren

Je bewusster vor allem Blütenfarben aufeinander abgestimmt sind, desto harmonischer erscheint der Garten. Es wirkt immer vorteilhafter, einzelne Pflanzinseln
aus ähnlichen Farben zu schaffen als die
Farben auf einer Fläche bunt zu mischen.
Besonders deutlich wird dies in konsequent formal gestalteten Gärten, in denen sich in einzelnen Bereichen oft nur
eine einzige Farbe vom grünen Grund
abhebt.

**Fein komponierte Farben
tragen entscheidend
zum Eindruck eines
schönen Gartens bei**

**Mit Liebe zum Detail
kombinierte Pflanz-
inseln schaffen in Form
und Farbe harmonische
Einheiten**

9. Formen bewusst zuordnen

Jede Pflanze hat ihre eigene Form – das
wird besonders bei Zypressen oder Rhododendren deutlich. Diese Grundformen
gilt es harmonisch anzuordnen. Wenn
man längliche und hohe, breite und flachwüchsige Pflanzen beliebig mischt, steht
jedes Gewächs für sich allein. Anders ver-
hält es sich, wenn sie bewusst zugeord-
net werden – zum Beispiel kleine Pflanzen weiter vorn und größere im Hintergrund. Dann entsteht eine attraktive
optische Einheit.

10. Rhythmus erzeugen

Ein gewisser Rhythmus, vor allem bei den
Pflanzhöhen, trägt maßgeblich zu einem
attraktiven Gesamtbild bei. Wie wichtig
das ist, zeigt sich bei weniger geschickt
gestalteten Gärten, in denen eine Garten-
hälfte durch üppigen Bewuchs überbe-
tont wird. Besonders harmonisch wirken
Pflanzen, die in Form, Farbe und Wachstumshöhe ähnlich sind und die äußeren
Begrenzungsflächen des Gartens zieren.

Gartentypen im Überblick

So individuell Gärten auch erscheinen mögen – in einem gut geplanten Garten lassen sich stets gestalterische Grundkriterien erkennen, die auf verschiedene Gartentypen verweisen.

Die wichtigsten von ihnen finden Sie hier in alphabetischer Reihenfolge im Überblick. Ein Garten muss dabei nicht zwangsläufig nur nach den Gestaltungsregeln eines einzigen Typus gestaltet werden – auch die Kombination von verschiedenen Gartentypen ist möglich. So kann man zum Beispiel in einem Gartenbereich einen Steingarten anlegen, in einem anderen einen Bauerngarten.

Der Bauerngarten lebt von der Vielfalt.

Bauerngarten

Der Bauerngarten lebt von der bunten Vielfalt unterschiedlicher Blütenstauden, die zusammen mit Rosen und Sommerblumen ein romantisches Ensemble bilden. Bereichert wird dieser Gartentyp durch zahlreiche Nutzpflanzen, allen voran Kräuter, Beerensträucher und Spalierobst. Zum Verschatten eignen sich am besten Obstbäume.

Japanischer Garten

Der Garten als meditativer Raum ist das Leitbild des nach fernöstlichem Vorbild gestalteten Gartens. Sorgfältig arrangierte Kies- und Steinflächen, Wasserläufe

Formaler Garten

Nicht so sehr einzelne Pflanzen, sondern eine klare Linien- und Wegführung zeichnen den formalen Garten aus. Weg- und Begrenzungsflächen heben sich scharf von der Bepflanzung ab. Seinen besonderen Reiz erzielt der formale Garten durch eine einheitliche Farbgestaltung, in deren Mittelpunkt die unterschiedlichsten Grüntönungen wohldosiert gemischt mit einzelnen anderen Farben stehen.

Der formal gestaltete Garten zeichnet sich durch eine klare Linienführung und reduzierte Farben und Formen aus.

und Teichflächen, Pagoden und Pavillons vereinen sich hier mit entsprechenden Accessoires zu einer Einheit. Die Bepflanzung reduziert sich zumeist auf immergrüne Arten, die nur vereinzelt durch Blütenpflanzen aufgelockert werden.

**Liebhabergarten:
Freiraum für spezielle
Pflanzenvorlieben**

Liebhabergarten

Einzelne Gewächsarten oder Lebensräume stehen hier im Mittelpunkt. Die bekanntesten Beispiele für diese Art der Gartengestaltung sind Rosen- und Rhododendrengärten. Liebhabergärten erfordern sehr viel gärtnerisches Wissen und hohen Zeitaufwand.

Mediterraner Garten

Die Gärten Italiens sind das große Vorbild des mediterran ausgerichteten Gartens. Boden- und Begrenzungsflächen sind in erdigen, aber warmen Tönen gehalten, Terrakotta-Töpfe und -Kübel prägen das Erscheinungsbild maßgeblich mit. Die wichtigsten Pflanzen sind hier zum Beispiel Oleander, Bougainvillea und Zitrusfrüchte.

**Japanischer Garten:
ein Hauch von Fernost
für entspannende Stunden in freier Natur**

**Mediterraner Garten:
italienische Lebensart
für ein Urlaubsgefühl
daheim**

Moderner Garten

Das Bild des modernen Gartens wird durch Designobjekte und zeitgerechte Materialien wie zum Beispiel Edelstahl und hochwertige, zumeist einfarbige Kunststoffe bestimmt. Bei der Bepflanzung wird besonders auf klare Konturenbildung und reduzierte Farbharmonie geachtet.

Naturnaher Garten

Zielsetzung ist hier eine der Natur möglichst angemessene, ökologisch sinnvolle Bepflanzung mit heimischen Gewächsen. Die Pflanzen sollten sich ohne große gärtnerische Eingriffe selbst entfalten können. Die Gestaltung wird dabei ganz den Lebens- und Wachstumsbedingungen von Flora und Fauna untergeordnet.

Steingarten

Steine in unterschiedlicher Größe bilden das wichtigste Gestaltungselement, vor allem bei Hanglagen. Sie werden locker in verschiedenen Höhen und naturnah in den Garten eingestreut und entsprechend mit Steingewächsen und Stauden bepflanzt. Besonders harmonisch wirkt der Steingarten, wenn die gleiche Gesteinsart auch zur Weggestaltung eingesetzt wird.

Wassergarten

Wasser ist hier das raumprägende Element. Das Spektrum reicht vom kleinen Gartenteich über Bachläufe bis hin zum großen Schwimmteich. Im Mittelpunkt der Bepflanzung stehen Sumpf- und Wasserpflanzen – alle anderen Gewächse des Gartens treten in den Hintergrund.

**Steingarten:
stilvolle Gestaltungsart
vor allem in Hanglagen**

**Wassergarten:
Gestaltungselement,
Pflanzenwelt und
Lebensraum ganz
eigener Art**

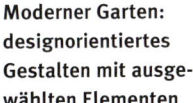

**Moderner Garten:
designorientiertes
Gestalten mit ausgewählten Elementen**

Schritt für Schritt zum Traumgarten

Bestandsaufnahme

Im Rahmen der Bestandsaufnahme wird zunächst ein genauer Grundriss des Grundstücks gezeichnet. Wichtig: Auch die Himmelsrichtungen sind exakt zu vermerken, um später Licht und Schattenzonen bewusst planen zu können. Auf einer darüber gelegten Folie aus Transparentpapier zeichnet man dann alle vorhandenen Gartenelemente ein.

Grundentwurf

Der Grundentwurf zeigt alle Nutzungsflächen und die Wegführung. Am leichtesten gestaltet sich die Planung, wenn man sich die wichtigsten Grundelemente wie Gartenmöbel, Spielgeräte oder Gartenhäuschen maßstabgetreu ausschneidet und diese dann auf dem Grundriss so lange

Die Planung des eigenen Traumgartens beginnt mit einer detaillierten Zeichnung

verschiebt, bis die optimale Position gefunden ist. Außerdem fällt es so leichter, sich die Größendimensionen des Gartenraums vorzustellen. Dabei gleicht man die eigenen Wunschvorstellungen mit der bestehenden Gartengestaltung ab und erzeugt dann eine neue Folie, in der die alten und neuen Flächen und Wege exakt eingezeichnet werden.

Bepflanzungsplanung

Die Bepflanzungsplanung gestaltet sich in der Regel am schwierigsten. Am besten geht man in zwei Schritten vor: Zunächst werden grobe Bereiche wie zum Beispiel Staudenbeete, Kräutergarten oder Steingarten eingezeichnet. Zugleich legt man die Position von Bäumen, größeren Sträuchern oder anderen dominierenden Pflanzen und gegebenenfalls Hecken fest. Wichtig dabei: Prüfen Sie, ob die vorgesehenen Pflanzen ausreichend Sonne bzw. ausreichend Schatten bekommen. Erst im zweiten Schritt werden die einzelnen Beete genau durchgeplant. Bei dieser Planung kommt es dann besonders auf Platzbedarf und Wachstumshöhen, aber auch auf Farben und Formen an.

Musterplanungen im Vergleich

Jedes Grundstück kann auf vielfältige Weise zum Wohlfühlgarten werden. Die folgenden Musterplanungen zeigen auf, wie sich dasselbe Grundstück je nach Nutzungsschwerpunkt und Gartenvorliebe individuell ganz unterschiedlich gestalten lässt.

Familiengarten

Eine großzügige Terrasse und eine ausgedehnte Spielwiese stehen im Mittelpunkt dieses Gestaltungsvorschlags für einen familienfreundlichen Garten. Die Terrasse wird durch einen Erdwall optisch von der Wiese getrennt. Auf der Seite zum Rasen wird der Wall durch Pallisaden oder eine kleine Steinmauer abgegrenzt: Diese verhindert zum Beispiel beim Fussball-

spielen, dass der Ball bei einem flachen Schuss ins Zierbeet donnert. Der Sandkasten ist von der Terrasse und aus der Wohnung gut einsehbar; später kann er zu einem Zierteich umgestaltet werden.

Der Baum erfüllt einen doppelten Zweck: Er bietet im Sommer natürlichen Schatten, und er eignet sich zum Bauen eines Baumhauses. Ein Geräteschuppen ist unverzichtbar, schon allein wegen der Spielsachen. Eine halbhohe Bepflanzung in Richtung der Terrasse schafft eine attraktivere Optik.

Alle Gartenbereiche sind nicht starr voneinander getrennt, sondern gehen sanft ineinander über. Die harmonische Gestaltung wird auch durch die Terrassenform unterstrichen. Zur Bepflanzung eignen sich vor allem unempfindliche Gehölze.

Planungsskizze eines familienfreundlichen Gartens

Entspannungsgarten

Lauschige Sitz- und Liegeplätze, die den Alltag leicht vergessen lassen und zum Entspannen in freier Natur einladen, sind die wichtigsten Elemente dieses Gartens. Bei der Gestaltung wird besonderer Wert auf ein unmittelbares Naturerlebnis gelegt. Die vier Entspannungszonen sind deshalb alle sehr nahe an Pflanz- und Gestaltungszonen angegliedert.

Eine kleine Terrasse schafft Intimität in Hausnähe. Das sich direkt anschließende Zierbeet wurde weit in den Garten hineingezogen, um die Gartenfläche zu unterteilen und um einen ausgesprochenen Erlebnischarakter zu schaffen. Der Liegeplatz wird durch einen Sichtschutzzaun vor neugierigen Blicken abgeschottet. Eine halbhohe Begrünung im Rücken und zur Sichtschutzwand hin lassen den Liegeplatz besonders geborgen erscheinen.

Im hinteren Teil schafft ein künstlich angeschütteter Hügel in einer der Ecken mit davor liegendem Gartenteich einen besonderen Anziehungspunkt. Der Hügel wird als Steingarten ausgelegt. Ein kleiner Bachlauf erzeugt das beruhigende Geräusch von plätscherndem Wasser. Das Wasser trägt auf dem als kleiner Steg ausgebildeten Sitzplatz am Teichrand zur Entspannung bei. Auch hier unterstreicht ein begrünter Sitzschutzzaun das Gefühl von Geborgenheit und Ruhe. Die Ausrichtung des Steges ist so gewählt, dass man hier besonders gut die Abendsonne genießen kann.

Zum Lesen und Verweilen lädt zudem eine kleine Gartenbank ein, die mit einer Rosenpergola überdacht ist und so eine besonders romantische Atmosphäre ausstrahlt. Die Zierbeete und Bepflanzungszonen an den Gartenseiten bieten vielfältig Gelegenheit, besonderen Pflanzenvorlieben Rechnung zu tragen.

Planungsskizze eines Entspannungsgartens

Geselliger Garten

Freunde treffen, zusammensitzen, feiern: Das Miteinander steht bei dieser Gartengestaltung im Mittelpunkt. Je nach Stimmung und Witterung bietet der Garten unterschiedliche Treffpunkte.

Die großzügige Terrasse auf der rechten Seite wird von einer Pergola überspannt, die mit der entsprechenden Begrünung im Sommer natürlichen Schatten für die große Sitzgruppe spendet.

Auf der anderen Seite der Terrasse befindet sich ein Grillplatz, davor ein kleiner Tisch mit Stühlen für das intime Gespräch zu zweit. Die Entspannungsatmosphäre wird hier durch drei kleine, ineinander übergehende Wasserbecken unterstrichen, wobei das Wasser vom oberen bis in das untere Becken plätschern kann. Dazu ist ein Gefälle erforderlich, das durch leichtes Absenken des mittleren Gartenbereichs erreicht wird.

Die eigentliche Attraktion des Gartens ist ein Pavillon im hinteren Gartenbereich. Er ermöglicht auch bei etwas unfreundlicher Witterung die Gartennutzung. Der Weg zum Pavillon wird durch ein kleines, flaches Zierbeet in der Mitte des Gartens aufgelockert. Die Bepflanzung an den Gartenseiten ist halbhoch gehalten – so entsteht eine deutliche Abgrenzung zu den Nachbargrundstücken. In einer der Gartenecken ist zudem Platz für einen kleinen Liebhabergarten – zum Beispiel für Rosen. Stattdessen könnte man hier auch Nutzpflanzen ansiedeln, etwa Beerensträucher.

Eine kleine Bank ist ein weiterer Treffpunkt im Garten. Die romantische Atmosphäre ließe sich hier durch eine kleine Pergola direkt über der Bank noch einmal steigern. Die Zierbeete links und rechts des Terrassenrandes sollten nicht allzu hoch bepflanzt sein, um den Blick in den Garten nicht zu verbauen.

Planungsskizze eines geselligen Gartens

Der Entspannungsgarten

Sinnlich entspannen

Den Alltag hinter sich lassen, Natur erleben und ein Stück Urlaub zu Hause genießen: Das steht auf der Wunschliste an einen schönen Garten ganz oben. Das grüne Zimmer als eine Oase der Muße spricht dabei alle Sinne an: sehen, riechen, schmecken, hören, fühlen – denn wahre Entspannung ist mehr als Faulenzen unter freiem Himmel. Es ist ein Gefühl, das Geist und Körper gleichermaßen erfasst und zur Ruhe kommen lässt. Für die Planung bedeutet dies, sich nicht allein auf die Optik des Gartens zu konzentrieren, sondern auch auf Duft und Klänge, auf Geschmack und Berührungserlebnisse zu achten.

Mit den Augen entspannen

Die Lust am Gartengenuss wird dennoch zuallererst über die Augen geweckt. Der Anblick eines schönen Gartens zieht den Betrachter magisch an und vermittelt einen gewissen Grad an Vorfreude.

Auch der Entspannung kann man auf diese Weise den Weg bereiten. Dazu ist es wichtig, dass sich bereits aus dem Haus heraus eine entsprechende Blickachse in den Garten ergibt.

Genau wie ein schön gedeckter Tisch den Appetit anregt, so weckt der Blick auf einen ruhigen Gartenplatz, auf einen Liegestuhl oder eine Bank die Lust auf Entspannung. Je ruhiger der Hintergrund

dabei gestaltet ist und je mehr sich der Ruheplatz vom Hintergrund abhebt, desto stärker kann sich dieses Grundgefühl entfalten. Optimal ist es deshalb, wenn man eine Relax-Oase vor einem relativ dunklen, monotonen Hintergrund platziert. Als Hintergrund eignen sich eine Hecke (Thuja, Liguster oder Taxus), eine grüne Wand aus Schilfgräsern (Bambus, Cyperus oder Panicum) oder ein mit Wildem Wein (Parthenocissus) bewachsener Sichtschutzzaun. Eine Natursteinmauer oder eine größere Wasserfläche erfüllt die gleiche Funktion.

Für Entspannung, die sich über die Augen entwickelt, spielt die Farbpsycho-

Ein schöner Blick aus dem Hausinneren auf den Garten weckt die Vorfreude auf naturnahe Entspannung

logie eine entscheidende Rolle. Vordergründig wird das Bild eines attraktiven Gartens immer mit blühenden Pflanzen verbunden. Sie symbolisieren Leben, Vielfalt und Schönheit. Ein hell leuchtendes, buntes Farbgemisch erzeugt aber immer auch deutliche Kontraste und ein uneinheitliches Bild, das den Geist fordert und zu Aktivität anregt.

Beim Entspannen aber ist das Gegenteil gefragt. Der Kopf soll zur Ruhe kommen, im wahrsten Sinne des Wortes abschalten. Dazu trägt alles bei, was Ruhe schafft – und das sind in erster Linie reizärmere Farben, die sanft ineinander übergehen. Das perfekte Vorbild hierfür liefern die japanischen Gärten, die ihre meditative Kraft genau aus einer solch ruhigen Gestaltung schöpfen. In ihnen finden sich deshalb auch nur vereinzelt kontrastreiche Farbelemente.

Diese Gärten leben zudem von großzügigen, weitgehend einheitlichen Grundflächen. Denn genau wie unterschiedlich bunte Farben wirken sich auch uneinheitliche Formen eher unruhig aus. Und das einfachste Mittel, um in der Formgestaltung unruhige Kontraste zu vermeiden, ist die Schaffung einer einheitlichen, großen Blickfläche. Instinktiv stellt man beispielsweise auf einer Wiese den Liegestuhl immer so auf, dass der Blick auf den Rasen fällt. Dass jemand den Stuhl am Rande der Wiese mit Blick auf eine kleine, uneinheitliche Fläche wie ein Staudenbeet richtet, kommt in der Praxis so gut wie nie vor – es sei denn, man richtet den Liegeplatz nach der Sonne aus. Aber selbst dann schließt man zum Entspannen eher die Augen, als dass man sich auf die uneinheitliche Minifläche konzentriert.

Farbpsychologie im Garten – die gedeckten Blau-Grün-Töne im Bild links wirken beruhigender als die bunte Vielfalt (re.), die das Auge viel stärker fordert

Sanfte Formen beruhigen

Sanfte, großzügige Formen sind ein weiteres Geheimnis des Entspannungsgartens. Schlanke, hoch aufragende und spitz zulaufende Pflanzen wie beispielsweise Königskerze (Verbascum), Rittersporn (Delphinium) oder Ziertabak (Nicotiana) sind hier fehl am Platze. Kugelförmig wachsende Gehölze hingegen wie Muschelzypresse (Chamecyparis obtusa nana), Lebensbaum (Thuja orientalis) oder Buchs (Buxus sempervivens) unterstreichen Ruhe und Besinnlichkeit.

Bei der Grundplanung des Gesamtgartens kommt es darauf an, nicht nur reizvolle Flächen, sondern auch reizarme zu schaffen. In der gelungenen Gartengestaltung finden sich ruhige und anregende Zonen. Dabei spielt es letztlich keine Rolle, ob sie optisch deutlich getrennt sind oder durch geschickt gestaltete Übergänge sanft ineinander übergehen.

Für den perfekt geplanten Entspannungsplatz im Garten gilt deshalb:

■ er liegt einer ruhig gestalteten Grünfläche gegenüber,

■ er ermöglicht den Blick auf eine ausreichend große Freifläche,

■ im Blickfeld liegen nur wenige Farbkontraste,

■ das Auge ruht auf sanften, runden Formen.

Der Natur lauschen

Was für die Augen beim Entspannen gilt, ist auch für die Ohren entscheidend: Je weniger Reizen sie ausgesetzt sind, desto größer ist die Erholung. In einem ruhigen Garten kann sich das Gehör ganz auf Atmosphäre schaffende Naturgeräusche konzentrieren, auf das Zwitschern der Vögel oder das leichte Rascheln des Blattwerks.

Einem Entspannungsplatz im Garten sollte eine große, ruhige Fläche gegenüberliegen

Sanft ineinander übergehende, runde Formen – hier in der Pflanzanordnung – wirken beruhigend

Die Form des Beetes und der Blumen ist hier perfekt aufeinander abgestimmt – die runden Formen korrespondieren miteinander und erzeugen Harmonie

Der Erholungswert des Gartens lässt sich deshalb auch akustisch unterstreichen. Besonders angenehm wirken monoton wiederkehrende, natürliche Geräusche wie das stete, leise Plätschern von Wasser. Ein Bachlauf oder ein Springbrunnen ist deshalb in der Nähe des bevorzugten Liegeplatzes am besten platziert. Meditativ wirken zudem leise Klangspiele, die vor allem in japanischen Gärten nicht fehlen dürfen.

Schallschutz im Garten

Die meisten Geräusche allerdings wirken eher störend. Leider liegen manche Gärten so, dass der Umgebungslärm einfach zu groß ist. Ein wenig Abhilfe, aber keinen perfekten Schallschutz, schaffen hier Sichtschutzwände aus Holz. Besser geeignet sind massive Wände, zum Beispiel eine Mauer. Aber auch ein Erdhügel leistet den Schallwellen wirkungsvollen Widerstand. Mit einer Bepflanzung hingegen erreicht man aufgrund der geringen Dichte so gut wie nichts.

Das leise Plätschern von Wasser (o.) oder kleine Klangspiele (re.) tragen zum Wohlbefinden und Entspannen bei

Wer den Schallschutz im Garten verbessern möchte, hat nur zwei Möglichkeiten: Entweder errichtet er eine Mauer – optisch attraktiv sind Natursteinmauern, die mit Kletterpflanzen wie Efeu (Hedera helix) oder Wein (Parthenocissus) bewachsen sind – oder er legt den Ruheplatz tiefer. Dazu wird eine 4–6 m² große Fläche mindestens 50 cm tief ausgehoben und der Aushub in Richtung der Lärmquelle aufgeschüttet. So erreicht man am Ruheplatz einen natürlichen Lärmschutz von mindestens 1 m Höhe. Das reicht in liegender Position vollkommen aus, um den Schallwellen nicht direkt ausgesetzt zu sein – und mindert die Lärmbelastung deutlich. Allerdings muss hierbei für einen ausreichenden Wasserabfluss gesorgt werden, andernfalls versinkt der Liegeplatz nach einem Wolkenbruch im Nass.

Absolute Stille empfindet der Mensch eher als bedrohlich denn als beruhigend. In der Natur gibt es nur wenige Orte, an denen vollkommene Ruhe herrscht. Schreiende Babys beruhigen sich schneller durch den sanften Zuspruch von Eltern oder den Klang eines Wiegenliedes als bei Stille. Und im Urlaub empfinden es viele Menschen als äußerst entspannend, dem Rauschen des Meeres zu lauschen.

Der Duft der Natur

Neben Augen und Ohren ist die Nase das dritte Sinnesorgan, das den Erholungswert eines Gartens aktiv erleben lässt. Der Duft von blühenden Pflanzen, der Geruch von frisch gemähtem Gras oder das Einatmen frischer Luft wirkt sich unmittelbar auf Körper und Geist aus – die Seele atmet förmlich die Natur ein. Wie sehr der Mensch die Gartendüfte schätzt, zeigt sich auch in den vielen Parfüms, die ihre Duftintensität aus den Blüten von Rosen, Lavendel oder Jasmin beziehen.

Auch dieses Empfinden lässt sich durch planerische Maßnahmen intensivieren, so durch das Anpflanzen von duftintensiven Pflanzen in der unmittelbaren Nähe des bevorzugten Ruheplatzes.

Besonders geeignet sind Rosen, da sie nicht nur im Blumenbeet wachsen, sondern sich als Kletterrosen auch an Rankgittern, Pergolen oder Mauern ziehen lassen. Weiterhin sind es vor allem Kräuterstauden (Lavendel, Thymian, Salbei), die intensiven Duft verbreiten.

Durch eine geschickte Bepflanzung spricht der Garten nicht nur im Sommer den Geruchssinn an, sondern auch im Frühling und Herbst. In den ersten warmen Monaten des Jahres lassen vor allem Zwiebelpflanzen (Maiglöckchen, Narzissen, Hyazinthen) und Flieder den Frühling mit der Nase erleben. Im Herbst durchzieht zum Beispiel der Duft von Violen das grüne Zimmer.

TIPP

Jeder Mensch nimmt den Duft von Pflanzen unterschiedlich wahr – was für den einen betörend erscheint, ist für den anderen eher unangenehm. Deshalb gilt bei der Auswahl von duftintensiven Pflanzen: erst riechen, dann kaufen.

Rosen sind die Klassiker unter den Duftpflanzen

Ziersträucher wie der Sommerflieder (Buddleja davidii) betören mit ihrem Duft – nicht nur die Menschen

Ein reich blühender Garten spricht nicht nur das Auge an, sondern immer auch den Geruchssinn

Aktiv entspannen

Erholung und Entspannung im Garten sind nicht allein mit faulem Räkeln auf Liegestühlen oder Bänken gleichzusetzen. Vor allem in größeren Gärten regen schöne Wege zu kleinen Streifzügen an, verführen zum Flanieren zwischen Beeten und Gehölzen. Besondere Pflanzen ziehen den Betrachter magisch an, wecken die Lust, sie zu berühren und ihren Duft einzuatmen.

Darüber hinaus hat es für viele Menschen eine besondere Qualität, den Früchten der Natur beim Heranreifen zuzusehen: Beerensträucher, Obstbäume und Kräuter erweisen sich so von Frühling bis Herbst als intuitive Ziele im Garten, die gerne besucht werden. Engagierte Gärtner und Pflanzenliebhaber haben aber auch ihre Freude an den Wachstumsstadien aller anderen Pflanzen – sie genießen Naturerlebnisse in allen Bereichen des Gartens.

Durch eine geschickte Gartenplanung und -bepflanzung lassen sich der Spaß an Bewegung im Garten und die damit verbundene Entspannung gezielt wecken oder steigern. Im Mittelpunkt stehen dabei Geschmacks- und Berührungserlebnisse.

Der Naschgarten

Einen Reiz ganz eigener Art bietet der „Naschgarten". In ihm finden sich in allen Gartenteilen kleine und größere Gaumenfreuden, die vor allem im Sommer und Herbst locken.

Beerensträucher und Kräuterpflanzen müssen sich nämlich nicht zwangsläufig nur im eng umrissenen Nutzgarten finden. Sie lassen sich nahezu überall in der Gartenbepflanzung einstreuen.

Lavendel, Rosmarin und Minze zum Beispiel gedeihen auch prächtig zwischen reinen Zierpflanzen und bereichern die Gartenoptik vor allem während der Blütezeit. Wilde Erdbeeren sind fleißige Bodendecker. Sie tragen zwar nicht so große Früchte wie die Zuchtsorten, aber verführen schon Ende Mai zum Naschen im Garten.

Auch Pergolen, Sichtschutzwände oder Natursteinmauern lassen sich bestens in einen Naschgarten einbinden, sofern sie viel Sonne abbekommen: Dann nämlich rankt hier selbst im hohen Norden der Wein, auch wenn seine Früchte am Ende dort nicht ganz so süß schmecken wie im Süden. Mit Beerensträuchern wie Johannis- und Stachelbeere lassen sich unterschiedliche Gartenbereiche optisch gut voneinander abtrennen, und Obstbäume sind genauso effektive Schattenspender wie Laub- und Nadelgehölze.

Ein Apfelbaum für den Naschgarten: Äpfel aus eigener Ernte schmecken einfach besser

Der Naschgarten lässt sich darüber hinaus durch Kübelpflanzen bereichern, die saisonal unterschiedlich bepflanzt werden können. Gut eignet sich Gemüse wie Tomaten, Paprika oder Auberginen.

Der Erlebnisgarten

Ein schöner Garten kann voller Erlebnisse stecken, die darauf warten, entdeckt und angenommen zu werden. In der Planung eines solchen Naturraums kommt es nicht nur darauf an, die entsprechenden Erlebniszonen zu schaffen, sondern auch Neugierde zu wecken.

Seine Grundspannung erzielt der Erlebnisgarten durch verschiedene, nicht sofort einsehbare und abwechslungsreiche Zonen, die durch verschlungene Wege miteinander verbunden sind.

Schon die Wege selbst können sinnliche Erfahrungen vermitteln, zum Beispiel indem man barfuß verschiedene Bodenbeläge unter den Füßen spürt wie Gras und Kies oder glatte Steine und Holz. Ein fast zugewachsener Pfad, der förmlich freigekämpft werden will, vermittelt Gefühle von Urwüchsigkeit und Entdeckergeist: Tief hängende Zweige müssen vorsichtig zur Seite gedrückt, der nächste Tritt sorgfältig gewählt oder der Kopf unter einem Baum eingezogen werden. Ein solcher Pfad, den man beispielsweise sehr leicht in eine Hangbepflanzung integrieren kann, ist vor allem für Kinder und Besucher ein Erlebnis.

Hinter Hecken und Mauern, Sträuchern und Büschen lassen sich unterschiedliche Erlebnisse ansiedeln. Hier können sich zum Beispiel besondere Pflanzen verbergen: seltene oder herausragend schöne, Früchte tragende oder speziell duftende. Hinter anderen Sichtbarrieren überraschen besondere Ausblicke zum Beispiel auf eine alte Natursteinmauer auf dem

Verschlungene Pfade ...

... oder romantische Treppen ziehen magisch an und wecken die Lust, den Garten zu entdecken

Nachbargrundstück, durch die Bebauung hindurch auf einen Kirchturm oder über eine freie Wiese hinweg auf einen Teich.

Die Liste all dessen, was sich im Garten nicht zwangsläufig auf den ersten Blick erschließen muss und sich somit zum Entdecken eignet, ließe sich nahezu endlos fortsetzen. Zum Spektrum gehören auch Skulpturen oder besondere Pflanzgefäße, Wasser- und Windspiele oder spezielle Spiel- oder Sitzecken.

Darüber hinaus lässt sich auch die Fauna bestens in den Erlebnisgarten einbinden: Vogelhäuschen und Nistkästen beispielsweise finden in jedem Garten Platz. Und wenn sich im Garten ein Teich befindet, sind Kleintiere, Frösche oder Libellen meist nicht fern.

Entspannen pur

Selbst ein einfacher Holzstuhl – richtig platziert und arrangiert – lädt zum Entspannen ein

So vielfältig wie die Entspannungsmöglichkeiten in einem schönen Garten auch sein mögen – am wichtigsten ist für die meisten Menschen, sich für ein kurzes Alltagspäuschen in den Garten zurückziehen zu können – und dann einfach die Seele baumeln zu lassen und die Sonne zu genießen.

Dabei bestehen grundsätzlich zwei Möglichkeiten: Entweder man sucht für Gartenstuhl oder Liege irgendwo ein geeignetes Plätzchen, oder man schafft sich einen gesonderten Entspannungsraum – ganz auf die individuellen Bedürfnisse und Vorlieben zugeschnitten.

Ein solcher Platz lässt sich durch ein paar kleine gestalterische Eingriffe optimieren.

Schützende Umgebung

Schutz zu suchen ist ein urmenschliches Bedürfnis, dem wir in vielen Lebenssituationen ganz instinktiv folgen. In einem Restaurant setzt man sich daher lieber mit dem Rücken zur Wand als mitten in den Raum. Denn eine Wand vermittelt die Sicherheit, nicht von hinten angegangen, geschweige denn angegriffen zu werden – und das trägt unmittelbar zur Entspannung bei.

Das Grundgefühl von Sicherheit und Geborgenheit lässt sich auch beim Gestalten einer Entspannungszone im Garten steigern. Dazu schafft man im Rücken des bevorzugten Sitz- oder Liegeplatzes eine schützende Umgebung – zum Beispiel indem man eine grüne Wand als Hecke oder aus Sträuchern anpflanzt. Bei kleinen Grundstücken in eng bebauten Gebieten kann eine solche Wand zugleich neugierige Blicke abhalten.

Als Alternative bietet sich ebenso eine Steinmauer oder ein Sichtschutzzaun an. Solche Zäune sind relativ preiswert und lassen sich – mit ein wenig handwerklichem Geschick – leicht selbst errichten. Das entsprechende Material führt jeder Baumarkt. In der Qualität dieser Sichtschutzzäune gibt es allerdings erhebliche Unterschiede. Die beziehen sich nicht nur

Schützende Umgebung: Sichtschutzzaun und Haus sorgen hier für Geborgenheit (li.)

Eine grüne Wand im Rücken der Bank steigert den Schutz und das Wohlbefinden (re.)

auf die Optik, sondern auch auf das verwendete Holz und die Imprägnierung. Wer zu besonders preiswerten Produkten greift, spart dabei meist am falschen Ende.

Eine perfekte Optik wird erreicht, wenn man sich für Sichtschutzzäune mit Rankhilfen entscheidet und diese entsprechend bepflanzt.

Inselcharakter schaffen

Entspannungszonen im Garten sind kleine Inseln, auf die man sich vor Hektik und Stress zurückziehen kann. Und genau diesen Inselcharakter kann man erlebbar machen, indem man den entsprechenden Gartenbereich deutlich von den Umgebungsflächen abgrenzt und so auch hervorhebt. Dazu reichen ganz einfache planerische Maßnahmen wie zum Beispiel eine zur Umgebung unterschiedliche Bodengestaltung. Empfehlenswert ist ein fester Untergrund, auf dem Liege, Gartenstühle oder kleine Sitzgruppen festen Stand finden. Harmonisch wirken hier vor allem Beläge aus Naturstein oder aus Holz.

Wirkungsvoll ist es auch, den hinteren Teil des Platzes durch eine kleine Mauer abzugrenzen, etwa eine Trockenmauer aus Bruchstein. Die Mauer wird von hinten mit Erde angeschüttet und der Platz dadurch optisch tiefer gelegt. Den Eindruck kann man durch eine Bepflanzung mit hoch aufragenden Stauden oder niedrigen Sträuchern noch verstärken. Geeignet sind hier zum Beispiel Rittersporn (Delphinium) und Rosen in Sonnenlagen, Astilben oder kleine Rhododendren in schattigeren Bereichen.

Ein komplett abgeschirmter Sitzplatz wirkt wie eine Insel für den Rückzug von Alltag und Stress

Natürlicher Sonnenschutz

**Eine mit roter Kletter-
trompete (Campsis
radicans) bewachsene
Pergola sorgt für aus-
reichend Schatten im
Sommer**

Auch wenn man das Thema Sonnenschutz schnell mit Sonnenschirmen in
Verbindung bringen mag – bei der Gartengestaltung steht immer zunächst der
natürliche Sonnenschutz im Vordergrund.
Das kann ein schattenspendender Baum
oder eine berankte Pergola sein. Letztlich
erzeugt zwar jede Pflanze ein gewisses
Maß an Schatten, aber für den Lebensraum Garten sind eigentlich nur bestimmte Planzenarten von Interesse.

Laubbäume

Laubbäume sind die Klassiker unter den
natürlichen Schattenspendern:
■ Sie wachsen sowohl in die Höhe als
auch in die Breite – und das führt zu einer
relativ großen verschatteten Fläche.
■ Das Blattwerk erzeugt keine einheitlich
dunkle Schattenfläche, sondern eine sich
stets verändernde Schutzzone. Die unterschiedliche Lichtintensität unter einem
Laubbaum nehmen wir als besonders
angenehm war.

■ Selbst bei einem kaum spürbaren Luft-
zug gerät das Blattwerk in Bewegung –
Laubbäume wirken deshalb als besonders belebendes Element einer Gartengestaltung.
■ Sie verdeutlichen nicht nur den Wechsel der Jahreszeiten besonders gut, sondern erfüllen dadurch auch unterschiedliche Ansprüche:
– Im Sommer, wenn das Blattwerk dicht
ist und die Sonne den Garten mit Licht
verwöhnt, geben Laubbäume den
gewünschten Schatten.
– Im Winter hingegen, wenn der Baum
seine Blätter verloren hat, lässt er – im
Gegensatz zu Nadelgehölzen – das
ohnehin spärliche Licht hindurch.
■ Nicht zuletzt spielt auch hier wieder
das Urbedürfnis nach Sicherheit eine entscheidende Rolle: Unter Bäumen empfindet der Mensch immer ein gewisses Maß
an Schutz und Geborgenheit – und
das trägt zur Entspannung entscheidend bei.
    Allerdings eignen sich nicht alle Baum-
arten gleichermaßen für den Garten. Zu

**Eine belaubte Pergola
schafft die einladende
Atmosphäre eines natür-
lich verschatteten Sitz-
platzes**

berücksichtigen sind dabei nicht nur Wuchshöhen sondern zum Beispiel auch Laubfall, Wurzelverhalten oder Wasserbedarf. So ist man in kleineren Gärten mit einer Birke oder einer Weide nicht gut beraten: Sie streuen störenden Samen und ganzjährig Laub, werden recht groß und entziehen ihrer Umgebung viel Wasser. Letzteres lässt anderen Pflanzen im engeren Umkreis kaum eine Lebenschance. Wesentlich besser sind deshalb kleiner bleibende Arten geeignet, zum Beispiel Zierkirschen (Prunus-Arten), Zieräpfel (Malus-Arten), Magnolien (Magnolia) , Ebereschen (Sorbus-Aucuparia) oder bestimmte Rubinienarten (Rubinia). Wenn der Garten groß genug ist, empfehlen sich aber auch Walnussbaum (Juglans) oder Trompetenbaum (Catalpa). Ungeeignet sind letztlich auch reine Obstbäume wegen ihres Früchtefalls zur Reifezeit.

Achten Sie beim Anpflanzen von Bäumen immer auf einen ausreichenden Abstand zu Gebäudeteilen. Mit den Jahren entwickeln vor allem Laubbäume ein enorm kräftiges Wurzelwerk, das sogar Fundamente angreifen kann. Halten Sie beim Anpflanzen deshalb unbedingt einen Mindestabstand von zwei Metern zu Häuserwänden oder anderen Fundamenten ein.

Bedenken Sie in diesem Zusammenhang auch, dass Laubbäume, die zu nahe an Grundstücksgrenzen gepflanzt werden, schnell zu Ärger mit den Nachbarn führen, sei es wegen möglicher Wurzelausläufer, sei es wegen ungewünschter Verschattung oder störenden Laubfalls.

Rankpflanzen

Sie fehlt in keinem südländischen Garten: die von Rankpflanzen überwachsene Pergola. Denn dort, wo die Sonne kein selte-

Für einen Hauch südländischer Romantik sorgt der alte Wein, der diese Pergola verschattet

ner Gast, sondern ein ständiger Mitbewohner ist, weiß man seit Jahrhunderten die sinnliche, intime Atmosphäre unter solch einem natürlichen Sonnenschutz zu schätzen. Für kleinere Gärten bietet es sich an, einen kleinen, von einer Pergola überdachten Sitzplatz – zum Beispiel eine Gartenbank – an einer ruhigen Gartenseite zu errichten.

In größeren Gärten kann eine überrankte Sitzgruppe eine stimmungsvolle, südländisch geprägte Alternative bilden. Zum Beranken eignen sich vor allem Rosen, Lonicera, Clematis oder auch dornlose Brombeere oder Wein. Beim Anlegen eines solchen Schattenplatzes gilt es allerdings zu bedenken, dass die Pflanzen nur Schutz vor Sonne, nicht aber vor anderen Witterungseinflüssen bieten. Deshalb eignet sich ein solch natürlich verschatteter Sitzplatz in unseren Breitengraden nur als Ergänzung zu einem wettergeschützten.

Flanieren im Garten

Schmale Wege durchs Gartengrün animieren zu Streifzügen

Die Schönheit eines Gartens, seine Vielfalt und seine liebevoll inszenierten Naturerlebnisse erschließen sich nicht auf einen Blick. Wer den Garten als Ganzes erleben möchte, muss sich im wahrsten Sinne des Wortes auf den Weg machen. Die Schritte dabei intuitiv zu lenken, Spannung zu erzeugen und Lust an der Bewegung zu wecken ist die Kernaufgabe einer durchdachten Wegeführung im Entspannungsgarten. Daneben kommt es darauf an, Funktionswege – wie zum Beispiel zum Hauseingang – funktional anzulegen, also trittsicher und ausreichend breit zu gestalten.

Die Grundstruktur

Der formale Garten lebt von einer bewusst gestalteten Wegführung

Grundsätzlich gilt für jede Wegeplanung: Alle Teilbereiche des Gartens müssen erreichbar sein. Das bedeutet nicht zwangsläufig, dass man überall gestaltete Wege anlegen muss. Auch über eine

Rasenfläche oder verdichtete, zum Beispiel mit Rindenmulch abgedeckte Erde erreicht man ebenfalls gut sein Ziel.

Bei der Planung beginnt man mit den Funktionswegen und den wichtigsten Verbindungsachsen. Sie sollten ausreichend breit gestaltet werden, sodass zwei Personen nebeneinander Platz haben oder sich beim Entgegenkommen ausweichen können. Für alle anderen Wege im Garten sind solche Dimensionen nicht erforderlich.

Gerade bei kleinen Gärten ist es ratsam, breite Wegstrecken so kurz wie möglich zu halten. Aufgrund ihrer Größe wirken sie immer sehr dominant – das Naturerlebnis tritt auf dem beschränkten Raum in den Hintergrund.

Funktionswege

Hier bestimmt das Ziel den Weg: die Haustür, die Mülltonne, das Gartentor. Da diese Wege sehr oft begangen werden, sind feste, weitgehend rutschsichere Bodenbeläge erste Wahl. Neben preiswerten Werkstein- und teureren Natursteinmaterialien eignen sich auch Harthölzer.

Da die Wege zumeist unmittelbar zum Haus führen, ist es empfehlenswert, sich bei der Materialwahl an der Architektur des Hauses zu orientieren. Dann wirkt die Gestaltung aus einem Guss. Bei moderner Architektur mit weißen Wänden eignet sich zum Beispiel grauer Granit oder heller Kies, bei rot verklinkerten Häusern hingegen sind farblich angepasste Steine oder Platten erste Wahl.

Bei der Bepflanzung gilt es hier darauf zu achten, dass kein Grün in den Weg hineinragt, das den Schritt stört.

Der Erlebnisweg

Im Gegensatz zum Funktionsweg ist hier der Weg selbst das Ziel – wichtig ist nicht das Ankommen, sondern das Unterwegssein. Dementsprechend geht es nicht darum, gerade, schnell und leicht hinter sich zu bringende Strecken anzulegen. Vielmehr ist der verschlungene Pfad, der Spannung erzeugt und die Sinne anregt, das Leitbild.

Weil es hier um die Natur selber geht, sollte sich der Weg nach Möglichkeit nicht durch Art und Gestaltung in den Vordergrund drängen, sondern sich harmonisch in die Gartengestaltung einbinden. Nicht mehr die Architektur des Hauses, sondern die Grundausrichtung der Gartengestaltung steht im Vordergrund. Im romantischen oder im naturnahen Garten eignen sich beispielsweise einzelne abgeflachte große Natursteine als Trittstellen besonders gut; für den formal gestalteten Garten hingegen bieten sich Kiesbeläge oder Natursteinplatten an.

Je enger sich ein Weg durch das Grün zieht, desto größer sind die taktilen Erlebnisse. Allerdings darf ein solcher Pfad nicht zur Tortur werden – dornige Pflanzen wie Rosen, dornenreiche Büsche oder Nadelhölzer, an denen man sich verletzen kann, sollte man also vermeiden.

Bodenbeläge im Überblick

Werksteinplatten
Relativ preiswertes, langlebiges Material, das sich sowohl zur trittsicheren Weg- als auch zur Terrassengestaltung sehr gut einsetzen lässt. Der Handel bietet eine enorme Auswahl an. Sehr leicht zu pflegen.

Natursteinplatten
Meist teurer Bodenbelag – sowohl für Funktions- als auch für Erlebniswege geeignet. Gängig sind Granit, Porphyr oder Sandstein. Unvergänglich, leicht zu reinigen.

Kies
Relativ preiswerter Bodenbelag – wichtig ist vor allem eine gute Verdichtung des Bodens. Vielseitig einsetzbar, aber aufwendig in der Pflege.

Trittsteine
Nur für die Gestaltung von Nebenwegen oder Erlebnispfaden zu empfehlen; Steine im Handel relativ teuer.

Harthölzer
Vor allem für Verbindungswege im Garten geeignet; erste Wahl bei der Gestaltung von wassernahen Flächen; relativ teuer.

Verdichtete, abgedeckte Erde
Sehr preiswerte Lösung besonders für Nebenwege. Als Abdeckung dient zum Beispiel Rindenmulch.

Funktionswege (li.) müssen ausreichend breit und trittsicher angelegt werden. Auf kleinen Gartenwegen (Mi.) steigern in die Wegführung hineinwachsende Pflanzen den Erlebnischarakter. Ungewöhnlicher Bodenbelag: Baumscheiben als Trittsteine (re.)

Material, Verarbeitung und Gestaltung prägen diese so unterschiedlichen Gartentreppen:

1. große, grob behauene Bruchsteinblöcke

2. Formsteine

3. Natursteinpflaster

Besonders geeignet sind hingegen Stauden und Sträucher mit lichtem Blattwerk und dünnen Zweigen, wie zum Beispiel Ginster (Cytisus oder Genista), Schmetterlingsflieder (Buddleja) oder Buxbaum (Buxus). Hier lässt sich blick- und wegversperrendes Grün leicht an die Seite drücken.

Optisch reizvoll ist die Kombination von unterschiedlichen Materialien bei den Bodenbelägen. Wenn der Wechsel wohl überlegt eingesetzt wird, können die verschiedenen Materialien zum Beispiel auch die Abgrenzung von mehreren Gartenbereichen zueinander unterstreichen. Werden solche Wege barfuß begangen, sind die taktilen Erlebnisse abwechslungsreicher.

Treppen

Unterschiedliche Höhen finden sich in nahezu jedem Garten – und damit auch Stufen und Treppen. Je länger diese sind, desto dominanter wirken sie. Ihre Gestaltung prägt somit das Gesamterscheinungsbild des Gartens entscheidend mit.

Unabhängig von der Form der Treppen sind folgende Grundregeln einzuhalten:
- Für stabile Untergründe Sorge tragen – Stufen dürfen sich nicht absenken oder gar verrutschen.
- Ausreichende, gleich bleibende Trittbreite schaffen (mindestens 20 cm).
- Auf gleichmäßige Stufenhöhen achten.
- Mindestens zwei Stufen anordnen.
- Steile Treppen durch Geländer absichern.
- Treppen über größere Distanzen durch Podeste auflockern – sie nehmen der Treppe die Strenge und ermöglichen „Verschnaufpausen".
- Bei Treppen auf wichtigen Funktionswegen für ausreichende Beleuchtung sorgen (siehe auch S. 93).

In Bezug auf Form und Material gilt:
Die Treppen sollten sich harmonisch in
die gesamte Garten- und Weggestaltung
eingliedern. Auf der sicheren Seite
bewegt man sich, wenn man zum Stufen-
aufbau dasselbe Material verwendet wie
für die Wege – zu gepflasterten Wegen
passen zum Beispiel gemauerte Treppen
aus dem gleichen Werkstoff, zu Wegen
aus Harthölzern entsprechende Treppen-
konstruktionen aus Holz.

Randbefestigung

Die Wirkung von Wegen und Treppen wird
durch ihre Ränder maßgeblich geprägt.
Der Randbefestigung kommt in Bezug auf
die Funktionalität erhebliche Bedeutung
zu, zum Beispiel bei der Reinigung von
wichtigen Funktionswegen.

Im Besonderen gilt es zu verhindern,
dass bei Regen Erde auf Wege aufge-
schwemmt wird oder sich Treppen absenken. Wichtig ist vor allem eine aureichen-
de Randbefestigung von Wegen, die
direkt an Beeten vorbeiführen.

Mehrere Möglichkeiten haben sich in
der Praxis bewährt:

■ Anpflanzen von Bodendeckern, die die
Erde binden und so das Ausschwemmen
des Bodens verhindern. Die gleiche Funktion erfüllt Rasen.

■ Setzen von Kantensteinen, die mindestens 5 cm Höhendifferenz zum Beet
schaffen sollten.

■ Leichtes Tieferlegen des Beetes,
sodass bei Regen das Wasser zum Beet
hin abläuft und nicht umgekehrt vom
Beet auf den Weg.

Links und rechts von Treppen und auch
einseitig von Wegen erfüllen Mauern die
gleiche Funktion wie die oben genannten
Alternativen zur Randbefestigung. Sie
sind aber in der Herstellung aufwendig
und damit auch teurer.

Für die Randbefestigung
von Wegen bieten sich
verschiedene Alternati-
ven an:

1. Oben begrenzt eine
niedrige Buchs-Hecke
den Weg

2. Granitschotter verhin-
dert wirkungsvoll, dass
Erde auf Wege ausge-
schwemmt wird

3. Eine weitere Möglich-
keit besteht darin, den
Weg anzuheben und so
zu schützen

Durch- und Übergänge

Spannung erzeugen, Entdeckerlust wecken, Interesse schaffen – all das verbindet sich mit Gärten, die nicht auf einen Blick zu erfassen sind. Ein besonders wirkungsvolles Stilmittel sind dabei Durchgänge zwischen hohen Mauern, Hecken oder Zäunen, die den Blick auf nachfolgende Gartenbereiche verdecken. Bei der

Grüne Tore im Garten entstehen sowohl durch blühende Rankpflanzen als auch durch beschnittene Gehölze

Bewusst gestaltete Durch- und Übergänge wecken Neugierde und rufen Bewegungslust hervor

bewussten Gestaltung von Durch- und Übergängen bieten sich viele Alternativen an: Das beginnt schon beim Eingangsbereich zum Hauptgarten – von Vorgarten, Garage oder Carport aus lassen sich Durchgänge wie ein Rundtorbogen in die architektonische Gestaltung des Hauses einbinden.

Bei gesonderten Zugängen zum Garten wecken Rosenspaliere oder berankte Pergolen stimmungsvoll Neugierde. Und in formal gestalteten Gärten steigern schmale Durchgänge zwischen hoch gewachsenen, dichten Hainbuchenhecken die Erwartungshaltung.

Durchgänge haben dabei nicht nur rein sinnliche Funktion: Sie gliedern zudem den Garten und verstärken den Eindruck räumlicher Tiefe. Auch kleine Gärten können davon profitieren. Dieser gestalterische Aspekt kommt besonders zur Geltung, wenn der Durchgang zum einen zwar relativ schmal ist, andererseits aber selbst eine gewisse Tiefe aufweist. Etwa 80–100 cm Breite sind ideal, 30–40 cm Tiefe erstrebenswert.

Die Natürlichkeit unterstreicht eine entsprechende Bepflanzung. Bei Rosenspalieren ist darauf zu achten, dass die Farbe der Rosen sowohl mit der Bepflanzung auf der vorderen als auch auf der hinteren Gartenseite, also vor und hinter dem Spalier harmoniert.

Der Erlebniseffekt von Durchgängen wird von Laubengängen noch übertroffen. Diese plant man am besten entlang einer Gartenseite ein – vorzugsweise dort, wo ansonsten lange, hohe Mauern oder Sichtbegrenzungen das Grundstück nach außen abschotten.

TIPP

Durchgänge nicht mittig im Garten, sondern unbedingt seitlich anlegen. Nur so kann Spannung erzeugt werden.

Wasser im Garten

Ein kleiner Teich, ein Bachlauf, ein Quellstein, ein Springbrunnen – so vielseitig
sich Wasser in die Gartengestaltung einbringen lässt, so vielfältig sind auch die
Sinnesanregungen, die Wasser vermittelt:
Das Kräuseln der Wasseroberfläche bei
leichtem Wind, das Plätschern von
bewegtem Wasser, die Frische beim
Berühren – nahezu jedes Sinnesorgan
wird angesprochen.

Zudem ist Wasser stets mit einem
intensiven Naturerlebnis verbunden. Je
größer die Wasserfläche oder -menge ist,
desto beeindruckender ist das Erlebnis.
Aber auch im Kleinen entfaltet sich die
Natur auf besondere Weise: In jedem
gesunden Wasser kann man Kleinstlebe-
wesen beobachten, an Naturteichen finden sich Vögel und Libellen ein und
selbst in Zierteichen fühlen sich Fische
heimisch.

Darüber hinaus wird die Flora des Gar-
tens bereichert. Blühende Uferstauden
wie Sumpfgarbe (Achillea ptarmica) oder
Wasserdost (Eupatorium purpureum),
Farne und Gräser am Wasser wie Königs-
farn (Osmunda regalis) oder Hirschzunge
(Phyllitis scolopendrium) oder deko-
rative Pflanzen im Wasser wie Seerosen
(Nymphaea) oder Lilien (zum Beispiel
Iris kaempferi) bilden eine mit keiner
anderen Bepflanzung vergleichbare
Gartenzone.

Wasser im Garten stellt immer eine
Bereicherung dar. Seine Gestaltungsfor-
men bilden ein attraktives Ziel, das unwillkürlich anzieht und zum stillen Verweilen
einlädt. In direkter Nähe zum Wasser
gehen die Gedanken leicht auf Reisen.
Und nicht von ungefähr befinden sich
in entsprechenden Gärten die attraktivsten Verweilplätze, mal romantisch,
mal naturnah ausgestaltet, direkt am
Wasser.

Wasser bereichert
den Garten nicht nur
optisch ...

... es entstehen auch
ganz eigene Lebens-
räume für Flora und
Fauna

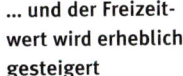

... und der Freizeit-
wert wird erheblich
gesteigert

Feng-Shui: Mehr Harmonie im Garten

Entspannung im Garten – das gelingt am besten, wenn sich Geist und Körper gleichermaßen wohl fühlen, oder – philosophisch ausgedrückt – wenn sich der Mensch ganzheitlich in Einheit mit der Natur empfindet. Und genau damit beschäftigt sich die jahrtausendealte chinesische Kunst des Feng-Shui. Unter Einbeziehung philosophisch-religiöser Aspekte des Taoismus und Buddhismus hat man dort Wege entwickelt, wie man architektonisch und ästhetisch Gärten unter ganzheitlichen Gesichtspunkten noch harmonischer gestalten kann.

Im Kern dreht sich bei Feng-Shui alles um die Frage, wie der Mensch als Teil der Natur mit dieser eins werden kann. Nur so lassen sich – nach philosophisch-religiöser Auffassung – Glück, Gesundheit und Wohlstand erreichen. Da jeder Mensch verschieden ist und in einem spezifischen Umfeld lebt, gibt Feng-Shui keinen universellen Weg vor.

Es geht vielmehr darum, die äußerlichen Gegebenheiten – wie zum Beispiel den Garten – mit der Persönlichkeit und den inneren Zielsetzungen der betreffenden Menschen in Einklang zu bringen. Dazu hat man eine sehr umfassende Lehre entwickelt, die man nur nach einem intensiven Studium gänzlich erfassen und umsetzen kann. Einige wichtige Grundprinzipien aber lassen sich auch ohne größere Kenntnisse in jedem Garten einbringen.

Die Kraft des Chi

Besonders wichtig ist im Feng-Shui, den energetisch spürbaren Energiefluss des „Chi" positiv zu lenken. Er durchströmt langsam die Landschaft und damit alle Bereiche des Lebens. Man kann das Chi auch als die universelle Kraft des Lebens verstehen: Wenn sie sich sammelt, lebt der Mensch auf – verflüchtigt sich hingegen das Chi, verkümmert der Mensch.

Feng-Shui bedeutet übersetzt „Wind und Wasser". Besonders der Fluss des Wassers lässt sich für die Beschreibung des Chi heranziehen. Wasser fließt in der Natur niemals gerade – Flüsse ziehen sich immer auf verschlungenen Wegen durch die Natur. Auf Geraden schießt das Wasser schnell vorbei – Windungen hingegen verlangsamen die Fließgeschwindigkeit. Zur Ruhe kommt das Wasser vor allem, wenn es sich in Becken sammelt – stagnieren allerdings darf es nicht.

Deshalb ist eine der wichtigsten Regeln des Feng-Shui, Geraden, durch die das Chi schnell entweichen kann, zu vermeiden und stattdessen den Garten so anzulegen, dass sich das Chi sammeln kann. Dies lässt sich besonders mit einer

Feng-Shui: der Garten im Einklang mit der Natur

Auf geschlungenen, sich harmonisch in die Natur eingliedernden Wegen kann das Chi frei fließen ...

entsprechenden Pflanzanordnung sowie durch das geschickte Platzieren von Symbolen erreichen. Deshalb ist es im Feng-Shui zum Beispiel wichtig, gerade Wege aufzubrechen, man könnte auch sagen, zu renaturieren.

Eine wesentliche Rolle spielen dabei auch die Himmelsrichtungen, denen besondere Bedeutungen zugemessen werden. So ist es zum Beispiel günstig, wenn der Garten nach Norden und Westen hin seine schönsten Seiten zeigt.

Chi bedeutet Leben – und ein gesunder Garten ist voller Leben. Negativ für das Chi sind tote Bereiche, vor allem kranke, abgestorbene Pflanzen oder ausgetrocknete Teiche. Seine positive Kraft kann das Chi nur in einem gepflegten Garten entfalten. Je reichhaltiger ein Garten ist, desto mehr Chi ist in ihm vorhanden. Darüber hinaus gibt es eine Reihe von Pflanzen, die das Chi positiv beeinflussen können. Dazu zählen Blutberberitze (Berberis thunbergii), Fackellilie (Kniphofia) oder alle Arten von rot oder rosa blühenden Rosen. Günstig sind auch Zuckerhutfichte (Picea glauca) oder Säulenwacholder (Juniperus communis). Wichtig sind vor allem die Formen und Farben der Pflanzen. Rote Blüten bringen beispielsweise mehr Chi als weiße.

... während gerade Wege und Winkel die Kraft bremsen

Fließendes Wasser in naturnah gestalteten Läufen wirkt sich überaus positiv auf das Wohlbefinden aus

**Yin und Yang in der
Pflanzenwelt:**

**Breit wachsende
Blumenkissen ...**

**... stehen in klarem
Kontrast zur zentrierten
Form der Korbblütler
wie den Margeriten
(Chrysanthemum
maximum)**

**... und zu den langen
Blütenrispen der hoch-
aufragenden Staude**

Yin und Yang

In der Natur steht nichts für sich allein, alles findet im Gegenteil seine Entsprechung: männlich und weiblich, nass und trocken, kalt und warm. In der chinesischen Lehre sind diese Gegenpole untrennbar miteinander verbunden, so wie es kein Licht ohne Schatten und keinen Schatten ohne Licht gibt.

Dieses Grundprinzip wird als die Lehre von Yin und Yang bezeichnet. Yin steht dabei für das weibliche und Yang für das männliche Prinzip, wobei mit der Zuordnung keine Wertung im Sinne von „gut" oder „schlecht" verbunden ist. Auch steht sich beides nicht starr, sondern fließend gegenüber.

Im Feng-Shui ist es besonders wichtig, ein Gleichgewicht zwischen Yin und Yang herzustellen, zum Beispiel zwischen klein- und großwüchsigen, blühenden und nicht blühenden, Sonne liebenden und Schatten benötigenden Pflanzen. Yin und Yang beziehen sich auf alle Bereiche des Gartens, also auch auf Flächen (weitläufig und eng), Farben (kalt und warm) oder Formen (spitz und rund).

Das Bagua

Im Feng-Shui geht man davon aus, dass alles ein Spiegel des eigenen Ichs ist – auch der Garten. Fröhliche Menschen lieben bunte Blumen, depressiver gestimmte hingegen ziehen dunklere, erdige Farben und Pflanzen vor. Der Garten lässt so zahlreiche Rückschlüsse auf die Persönlichkeit des Menschen zu. Umgekehrt wirkt sich der Garten auf den Menschen gleichermaßen aus. In einem schönen, gepflegten Garten fühlt man sich wesentlich wohler als in einem verwilderten.

Mit dem Bagua geht Feng-Shui sogar noch einen Schritt weiter: Der Garten wird in neun Zonen aufgeteilt, die für einzelne Lebensbereiche oder -inhalte stehen (siehe Grafik). Durch eine entsprechende Grundgestaltung des Gartens und die Detailgestaltung in den einzelnen Bagua-Zonen lassen sich die jeweiligen Eigenschaften stärken oder besonders entfalten. So bietet es sich beispielsweise an, in der Zone für „Innere Ruhe und Wissen" einen Sitzplatz zum Lesen und Entspannen zu platzieren oder im Bereich „Kreativität und Kinder" einen Spielplatz anzulegen.

Als Ausgangspunkt des Bagua dient immer der Eingang zum Garten, der am meisten benutzt wird – in den meisten westlichen Gärten ist dies die Terrassentür und nicht das Gartentor. Direkt vor dem Eingang liegen „Karriere/Lebensweg", links davon „Innere Ruhe/Wissen" und rechts „Hilfreiche Menschen".

Die Kraft der Symbole

Feng-Shui ist ohne die Symbolkraft von Accessoires und Zeichen nicht denkbar. Accessoires werden vor allem in schwach ausgebildeten Bagua-Zonen eingesetzt, um hier das Chi zu mehren. Zu den wich-

Segnungen Reichtum	Erleuchtung Stand Ruhm	Partnerschaft
Ahnen Familie	Thai Chi	Kreativität Kinder
Innere Ruhe Wissen	Karriere Lebensweg	Hilfreiche Menschen

Bagua: der Garten wird in neun Zonen aufgeteilt, die für einzelne Lebensbereiche oder -inhalte stehen

Kraft durch Symbole: zwei Buchsbäumchen als Wächter vor dem Haupteingang

tigsten zählen Spiegel, Kristalle, Kugeln und Skulpturen.

So hebt beispielsweise ein Spiegel an einer unbepflanzten, kahlen Begrenzungswand der Bagua-Zone „Ruhm" das berufliche Ansehen des Gartenbesitzers. Kleine Klangspiele in einem großen Baum hingegen mindern die Schwere des Gehölzes.

Die Zeichenhaftigkeit innerhalb einer Gartengestaltung verdeutlicht eine spiralförmige Pflanzenanordnung: Sie symbolisiert den Fluss des Lebens zur Mitte hin. Diese Gestaltungsform lässt sich beispielsweise gut als Kräuterspirale in den Garten einbeziehen.

Top-Ten-Tipps zu Feng-Shui im Garten

Ein der Lehre und der eigenen Persönlichkeit entsprechender Garten lässt sich nur mithilfe eines professionellen Feng-Shui-Beraters realisieren. Die hier vorgestellten Tipps sind bloß als allgemein gültige Grundaussagen zu verstehen, die allerdings in jeder Feng-Shui-Gartengestaltung Anwendung finden.

1. Gerade Linien aufbrechen

In der Natur ist nichts gerade, das Chi fließt am natürlichsten auf geschwungenen Wegen. Gerade Wege und Linien bricht man durch in sie hineinragende Sträucher oder Kübelpflanzen auf. Neue Wege legt man geschwungen mit natürlichen Materialien (Kies, Natursteinplatten, Rindenmulch) an.

2. Wasser in den Garten einbeziehen

Wasser sammelt Energie, besonders fließendes Wasser wirkt sich positiv aus, mehrt Kraft und Harmonie. Im Feng-Shui-Garten darf deshalb ein Gartenteich nicht fehlen, ideal ist ein kleiner Wasserlauf. Aber Achtung: Die Wasserfläche darf nicht größer als die Grundfläche des Hauses sein.

3. Yin-Yang-Gleichgewicht

Yin und Yang sind in der Natur gleichgewichtig verteilt – und das sollte auch im Garten so sein. Deshalb gilt es auf die Realisierung entsprechender Gleichgewichte zu achten, so zwischen bepflanzten Zonen und Freiflächen, großen und kleinen Pflanzen, ruhigen und lebhaften Bereichen.

4. Auf die Symbolkraft achten

Jedes Gestaltungselement im Garten hat eine innere Symbolkraft: Bunte Blumen stehen für Vielfalt, ein Sitzplatz im Grünen für Ruhe, ein großer gesunder Baum für Kraft. Wichtig ist, die innen liegende Symbolik zu erkennen und den Garten der eigenen Persönlichkeit entsprechend zu gestalten.

5. Tote Ecken vermeiden

Der Garten ist eine Einheit – und je mehr Chi sich sammeln kann, desto besser. In toten, unbenutzten Ecken hingegen sam-

Feng-Shui in Reinkultur: Japanischer Garten, in dem die geraden Linien aufgebrochen sind und das Chi frei fließen kann

Symbole wie die Buddha-Statue (li.) dürfen im Feng-Shui-Garten nicht fehlen – ebenso wie das Wasser als Sinnbild für Kraft und Energie (re.)

melt sich keine Kraft – sie müssen schon bei der Grundplanung vermieden werden.

6. Eine Freifläche in der Mitte schaffen

Das Tai Chi, das Zentrum des Gartens, sollte unmittelbar erlebbar sein und sich deutlich abheben. Das schafft man am leichtesten, wenn der Garten selbst in Form einer Freifläche eine erkennbare Mitte aufweist.

7. Auf einzelne Bagua-Zonen konzentrieren

Alle Bereiche des Bagua gleichermaßen intensiv zu gestalten, ist nur über einen langen Zeitraum hin möglich. Deshalb konzentriert man sich am besten zunächst auf die Bereiche des Baguas, die einem persönlich am wichtigsten sind.

8. Eingangsbereich stärken

Der Eingangsbereich trennt zwischen Privatsphäre und Außenwelt. Durch ihn fließt das Chi in den Garten. Er sollte freundlich und offen gestaltet sein. Günstig sind „Wächter" links und rechts von der Tür, zum Beispiel Buchsbäumchen.

9. Freiraum für Veränderung belassen

In der Natur ist nichts fertig – genauso wenig gibt es den idealen, fertigen Garten. Auch die eigenen Zielsetzungen verändern sich mit der Zeit. Der Garten muss deshalb Freiraum für Veränderungen bieten, um mit der eigenen Persönlichkeit Schritt halten zu können.

10. Viel selbst gestalten

Je mehr man selbst im Garten gestaltet, desto stärker entspricht er der eigenen Persönlichkeit, desto größer wird der persönliche Bezug und desto mehr Eigenenergie fließt in den Garten. Das betrifft sowohl die Grundplanung als auch die Pflanzenauswahl, die Detailgestaltung oder die gärtnerischen Tätigkeiten im Ablauf der Jahreszeiten.

Schöner wohnen – Gartenmöbel

Gärten mit Möbeln einrichten

Neben der Bepflanzung sind die Gartenmöbel das entscheidende Gestaltungselement im Lebensraum Garten. Sie bestimmen die Optik und das Ambiente maßgeblich. In Bezug auf Form, Material und Farbe sollten sie sich deshalb möglichst stilvoll in die Umgebung einreihen. So passen einfache Holzstühle zum Beispiel sehr gut zu einem romantischen Bauerngarten, während sie in einem streng gestalteten, formalen Garten eher deplatziert wirken.

Umgekehrt passen sehr aufwendige, teure Möbel nur schlecht in eine naturnahe Gartengestaltung. Selbstverständlich ist es letztlich eine Frage des eigenen Geschmacks, für welche Art von Gartenmöbeln man sich entscheidet – und natürlich können schöne Einzelobjekte wie eine Sonnenliege auch bewusst kontrastierend zur Gesamtgestaltung eingesetzt werden.

Als gelungen wird eine Gartenmöblierung vor allem dann wahrgenommen, wenn sie einheitlich wirkt – besonders wenn die Möbelstücke eng beieinander stehen. Das gilt in erster Linie für Material und Farbe. Teakholzstühle passen so besonders gut zu einem Holztisch, keinesfalls aber zu einen Plastiktisch.

Besonders einfach ist es, sich für ein bestimmtes Sortiment eines einzigen Herstellers zu entscheiden – also Tisch, Stühle, Bänke, Liegen oder Deckchairs aus dem gleichen Material und in abgestimmter Form- und Farbgebung zu kaufen.

Allerdings ist dies meist relativ teuer und kann unter Umständen auch eintönig wirken. Gerade bei größeren Gärten mit verschiedenen Pflanz- und Gestaltungsbereichen lässt sich die jeweilige Grundstimmung durch unterschiedliche Möblierung unterstreichen: Hausnah könnte sich etwa eine Teakholzgruppe befinden, während unter einem Baum ein kleiner Bistrotisch mit Stahlfuß und Natursteinplatte – umringt von drei, vier romantisch geschwungenen Eisenstühlen – ein Ambiente für sich schafft. Und direkt neben dem Kräutergarten könnte eine einfache Kiefernholzbank zum Verweilen einladen. Eine solche Möblierung hat zudem den Vorteil, dass man nicht alles gleichzeitig kaufen muss, sondern die Investitionen über einen längeren Zeitraum verteilen kann.

Inneneinrichtung für den Garten: einladende Sitzgruppe am Wasser

Kaufkriterien

Über Geschmack lässt sich bekanntlich bestens streiten – für welche Art der Gartenmöblierung man sich entscheidet, ist also letztlich eine ganz persönliche Frage. Allerdings sollten Sie sich bei der Auswahl nicht nur von der ansprechenden Optik leiten lassen – gerade bei Gartenmöbeln kommt es auf eine Vielzahl rein praktischer Aspekte an. Sie gilt es bei der Kaufentscheidung vor allem im Blickfeld zu haben.

Witterungsbeständigkeit

Da Gartenmöbel immer unterschiedlichen Feuchtigkeitsgraden und wechselhafter Sonneneinstrahlung ausgesetzt sind, fällt der Witterungsbeständigkeit bei der Kaufentscheidung eine zentrale Rolle zu.

So ist es empfehlenswert, Rattan- oder Kiefernmöbel nach Möglichkeit nicht im Regen stehen zu lassen. Sie sollten am besten nach jeder Benutzung wieder feuchtigkeitssicher abgedeckt oder eingelagert werden. Bei Gartenmöbeln aus

anderen Materialien – zum Beispiel Teak oder Kunststoff – ist dies in dieser Konsequenz sicherlich nicht erforderlich. Zwar leiden auch diese Möbel, wenn sie dauerhaft dem Wetter ausgesetzt sind, aber grundsätzlich sind sie witterungsbeständiger.

Beim Kauf gilt es deshalb, die eigene Disziplin im Umgang mit den Gartenmöbeln realistisch einzuschätzen. Besonders einfach macht man es sich sicherlich, wenn man zu witterungsbeständigeren Materialien greift.

Handhabung

So schön Gartenmöbel auch sein mögen – ihr eigentlicher Wert zeigt sich erst im Alltag, im täglichen Umgang, in der Handhabung. Was nützt die schönste Teakholzliege, wenn sie so schwer ist, dass man sie kaum bewegen kann? Wie bequem sitzt man auf dem Gartenstuhl? Wie leicht lässt sich an der Sonnenliege die Liegeposition verändern?

Gerade bei Gartenmöbeln, die keinen festen Platz im Garten erhalten, sondern flexibel bewegt werden sollen, kommt der Handhabung große Bedeutung zu. Deshalb gilt grundsätzlich beim Kauf: Auf Gewicht und Größe sowie eventuell auf Einstellmöglichkeiten und Leichtgängigkeit achten.

Rattanmöbel sollten nicht im Freien stehen. Sie sind erste Wahl in Lauben und Wintergärten

T I P P

Für alle Gartenmöbel gibt es Schonbe-
züge. Wenn keine Einlagerungsmöglich-
keit zur Verfügung steht, sollten die
Möbel zumindest gut abgedeckt werden.
Außerdem empfiehlt es sich, sie hoch-
zustellen, damit Rollen oder Füße nicht
längere Zeit direkt der Bodenfeuchtigkeit
ausgesetzt sind.

Folienbezüge schützen
Gartenmöbel im
Sommer vor Regen

Lagerungseigenschaften der Gartenmöbel

Im Winter gehören Gartenmöbel überall
hin – nur nicht in den Garten. Wer lange
Freude an Stuhl, Tisch oder Liege haben
möchte, sollte die Gartenmöbel im Herbst
einlagern. Dazu steht allerdings nicht
immer und überall ausreichend Platz zur
Verfügung. Beim Kauf sollte man deshalb
stets die Frage im Hinterkopf haben, wo
man die Möbel überwintern kann.

Steht nur wenig Lagerraum zur Verfügung, empfiehlt es sich, vor allem bei
Tischen und Stühlen auf Klapp- bzw. Sta-
pelfähigkeit zu achten. Bei manchen
Tischen lassen sich die Beine problemlos
abmontieren – bei anderen allerdings
nicht. Auch viele Liegen lassen sich
zusammenklappen oder leicht demontieren – andere wiederum nicht.

Bei der Lagerung von
Gartenmöbeln sind die
Kissen und Auflagen
nicht zu vergessen –
optimal werden sie in
trockenen Räumen und
geschützt aufbewahrt –
etwa in einer auf das
Design der Gartenmöbel
abgestimmten Truhe

Pflegeintensität

Jedes Möbelstück im Garten muss
gepflegt werden. Der Aufwand ist dabei –
je nach Material – sehr unterschiedlich
(siehe untenstehende Tabelle). Das gilt
sowohl für die Reinigung als auch für
materialerhaltende Pflegemaßnahmen.
Auch die Pflegeintensität sollte beim Kauf
berücksichtigt werden.

MATERIALIEN FÜR GARTENMÖBEL IM ÜBERBLICK

Material	Witterungsbeständigkeit	Pflegeintensität	Wertigkeit	Gewicht Handhabung	Preis
Kunststoff	hoch	gering	gering bis mittel	leicht	gering bis mittel
Stahlblech	mittel	gering	gering	leicht	gering
Aluminium	hoch	gering	hoch	leicht	mittel bis hoch
Eisen	hoch	gering	hoch	schwer	mittel
Weichhölzer	gering, bei Lackierung mittel	hoch	mittel bis hoch	mittel bis schwer	mittel bis hoch
Harthölzer	hoch	mittel	hoch	schwer	hoch

Gartenmöbel im Überblick

Der Handel führt ein unglaublich breites Angebot an Gartenmöbeln. Dabei gibt es enorme Qualitätsunterschiede. Sie betreffen vor allem die Verarbeitung. Grundsätzlich gilt: Je teurer die Möbel sind, desto langlebiger sind sie auch – wenngleich es sicherlich auch gute Möbel zu günstigen Preisen gibt.

Sonnenliegen

Sie sind der Inbegriff für Entspannung unter freiem Himmel: die Sonnenliegen. Dabei hat man die Qual der Wahl unter

Sonnenliegen sorgen fürs Urlaubsgefühl im eigenen Garten

verschiedensten Konstruktionen und Designs. Das Angebot unterteilt sich dabei im Wesentlichen in Stand- und Klappliegen.

Standliegen

Standliegen sind allererste Wahl, wenn es ums Faulenzen unter freiem Himmel geht. Sie bieten viel Platz und Komfort. Die Rückenlehnen lassen sich zumeist leicht verstellen – man kann auf ihnen genauso gut schlafen wie lesen oder einfach nur den Ausblick genießen.

Allerdings sind Standliegen auch mit einer Reihe von Nachteilen behaftet: Sie sind relativ teuer – zum hohen Grundpreis kommen noch Kosten für Auflage und – sofern gewünscht – Nackenrolle oder Kissen hinzu. Besonders hochwertige Standliegen zum Beispiel aus Holz sind darüber hinaus relativ schwer – selbst wenn sie über Rollen verfügen, lassen sie sich oft nur schwer bewegen oder andernorts aufstellen. Außerdem benötigt man ausreichend Lagerraum fürs Überwintern.

Klappliegen

Klappliegen sind dreigeteilt und lassen sich nicht nur zusammenklappen, sondern auch vielseitig verstellen. Sie haben den Vorteil, dass sie sich problemlos einlagern lassen und sehr flexibel in der Handhabung sind. Man kann sie leicht transportieren und an jedem Ort des Gartens aufstellen.

Auf der Negativseite schlägt zu Buche, dass besonders preiswerte Liegen wenig Komfort bieten. So muss man hier zumeist auf Armlehnen verzichten, die Liegefläche ist begrenzt. Außerdem besitzen billige Klappliegen keine hohe Standfestigkeit – bei schwergewichtigeren

Menschen machen sie ihrem Namen schnell alle Ehre.

Klappliegen eignen sich vor allem als Ergänzung zu Standliegen – beispielsweise für einen gemeinsamen, entspannten Sonnentag mit Familienangehörigen oder Freunden.

Gartensessel

Breite Sitzfläche, hohe Rückenlehne und eine ideale Sitztiefe – dank dieser Vorzüge stehen die Gartensessel ganz oben in der Beliebtheitsskala der Gartenmöbel. Im Duett mit weichen Sitz- und Rückenkissen sind sie in Bezug auf Bequemlichkeit und Sitzkomfort kaum zu übertreffen.

Die Auswahl ist entsprechend der Beliebtheit groß. Je nach Geldbeutel und Geschmack stehen unzählige Varianten zur Wahl: vom einfachen breiten Stuhl bis hin zur Luxusvariante mit verstellbarer Rückenlehne und Fußteil. Solche sehr gut ausgestatteten Gartenstühle schlagen elegant die Brücke zwischen Stuhl und Liege.

Beim Kauf gilt es vor allem auf die Qualität der Gelenke und den Fertigungsstandard zu achten. Klappmechanismen sollten leichtgängig, aber trotzdem stabil sein. Insgesamt sollte der Gartensessel auch im Detail gut verarbeitet sein.

Besonders preiswerte Modelle gilt es vor dem Kauf einer gründlichen Prüfung zu unterziehen. Zu achten ist neben der Fertigungsqualität besonders auf gute Standfestigkeit und leichte Handhabung.

In Bezug auf Wertigkeit, Optik und Langlebigkeit sind Gartenstühle aus Vollholz erste Wahl. Hier gilt es allerdings zu bedenken, dass diese Stühle auch sehr massiv und damit schwer sind. Das erschwert die Handhabung – vor allem, wenn die Stühle zum Essen an einem Gartentisch genutzt werden.

Markenhersteller bieten im Design auf die Gartensessel abgestimmte Hocker, Beistelltische oder – wie hier gezeigt – Servierwagen an

Gastlichkeit im Garten: große Sitzgruppe

T I P P

Bei Kunststofftischen lässt sich die Stabilität leicht überprüfen: Einfach draufsetzen und mit den Beinen wippen – ein guter Tisch darf nicht wackeln.

Tische und Stühle bilden immer eine optische Einheit: ob als romantische Variante mit Korbsesseln ...

Das Stührücken beim Aufstehen und Hinsetzen ist dann nicht selten mühevoll.

Einfacher in der Handhabung sind generell Stühle aus leichteren Materialien. Besondere Vorteile bieten zudem klappbare Modelle: Sie lassen sich nicht nur leicht transportieren, sondern, zusammengeklappt, dann auch platzsparend verstauen.

Deckchairs

Die Deckchairs sind eine Variante der Gartenstühle und an ihrem zusätzlich ausklappbaren Fußteil zu erkennen. Die Klassiker unter ihnen fanden sich auf jedem großen Luxusliner der Jahrhundertwende. Sie sind aus Harthölzern gefertigt und mit Messingbeschlägen ausgestattet. Mittlerweile gibt es eine ganze Reihe von Alternativangeboten – zum Beispiel Varianten aus hochwertigem Kunststoff, die wesentlich preiswerter sind.

... als zweckdienliche Gruppe aus Stahlblech ...

Tische und Stühle

Der große Gartentisch als Zentrum der Begegnung für Familie, Freunde und Bekannte bestimmt durch Größe und Form die Optik auf einer Terrasse maßgeblich mit. Das Angebot reduziert sich hier auf Tische aus Kunststoff – zumeist im Materialverbund mit Aluminium und Stahlblech – sowie auf Tische aus Holz oder speziell verarbeitete und feuchtigkeitssicher beschichtete Pressholzplatten (Markennamen Merkalit oder Waserlit). Bei den Kunststofftischen ist die Stabilität von entscheidender Bedeutung, denn bei vielen preiswerten Tischen sind die Beine nicht stabil genug, um größere Lasten gut zu tragen – die Tische wackeln dann, obwohl sie auf festem Untergrund stehen.

Stabile Beine sind auch ein Qualitätsmerkmal von guten Holztischen – je brei-

... oder als aufwendige Designvariante

ter die Hölzer hier sind, desto besser. Da Holztische im Winter unbedingt eingelagert werden sollten, gilt es vor allem auch auf die Gesamtkonstruktion zu achten: Auch größere Holztische gibt es als Klapptische – oft mit so genanntem Boulevardgestell. Bei anderen großen Gartentischen lassen sich die Beine problemlos abmontieren, so zum Beispiel wenn sie mit Flügelschrauben gehalten sind. Vor dem Kauf sollten Sie sich die Befestigungsart genau anschauen: Je stabiler der Tisch steht und je leichter sich die Beine trotzdem demontieren lassen, desto besser.

Kleinere Gartentische

Im Gegensatz zu den großen Tischen ist die Auswahl bei kleineren Gartentischen in Bezug auf Materialwahl und Design sehr groß. Das gilt vor allem für die Tischplatten. Neben den Standardmaterialien erfreuen sich vor allem Tische mit Natursteinplatten und Mosaiken großer Beliebtheit. Solche Tische setzen besondere optische Akzente im Garten, vor allem dann, wenn sie nicht auf der Terrasse, sondern in einem anderen Gartenteil eingesetzt werden. Das Spektrum reicht hier vom klassischen Bistrotisch mit verschnörkeltem Eisenfuß und weißer Marmorplatte über mediterran anmutende Modelle mit Natursteinplatten und schlichten Gestellen bis hin zu handgearbeiteten Einzelstücken aus unterschiedlichsten Materialien.

Tische mit Natursteinplatten sind sehr witterungsbeständig und können deshalb auch im Winter draußen stehen. Sie haben zumeist eine sehr stabile Unterkonstruktion aus Eisen, die allerdings gepflegt werden muss. Während die pulverbeschichteten Eisenfüße von klassischen Bistrotischen relativ unempfindlich sind, müssen lackierte Eisenteile regelmäßig entrostet und neu lackiert werden.

Kulissentische (o.) sind erste Wahl unter den ausziehbaren Gartentischen

Kleine Tische bietet der Handel in zahlreichen und auch ausgefallenen Varianten an

Kulissentische

Ausziehbare Tische besitzen im Gartenbereich Seltenheitswert – das Angebot beschränkt sich praktisch auf die Kulissentische. Der Tisch ist dabei mittig geteilt und kann auseinander gezogen werden. Eine einlegbare zusätzliche Platte verbreitert dann die Tischfläche. Einige Kulissentische gibt es auch mit zwei Einlegeplatten. Diese Tische bieten sich für kleinere Terrassen an, oder wenn man nur gelegentlich in größeren Gruppen zusammensitzt.

Klappstühle

Während an großen Tischen zumeist Gartensessel als Sitzgelegenheit dienen, eignen sich für kleinere Tische vor allem Klapp- oder Stapelstühle. Sie gibt es in

TIPP

Achten Sie beim Kauf besonders auf die Konstruktion des Untergestells. Gerade bei kleineren Tischen stören die sonst üblichen vier Tischbeine erheblich. Konstruktionen mit einem mittigen Fuß oder mit drei Beinen erhöhen den Sitzkomfort.

Der Klassiker unter den Gartenmöbeln: die Holzbank

unterschiedlichen Größen und Ausführungen. Stabilität ist auch hier oberstes Gebot. Besonders geeignet sind vor allem die Klassiker mit Stahlgestell sowie Sitz- und Rückenflächen aus Holz.

Vorsicht ist bei preiswerten Stühlen geboten, die ausschließlich aus Holz gefertigt sind: Sie sind oft nicht besonders stabil. Generell erfordern Stühle aus Holz mehr Pflege als beispielsweise solche aus Kunststoff, die der Handel in den verschiedensten Designvarianten zumeist besonders preiswert anbietet.

Stilvolle Alternative zur Hollywoodschaukel: die Bank-Schaukel

Gefühl von Sonne, Strand und Meer: Strandkorb im Garten

Bänke

Ob als Einzelstück im Garten oder im Verbund mit Stühlen an einem rechteckigen Gartentisch – Gartenbänke laden zum stilvollen Lebensgenuss in freier Natur ein. Empfehlenswert sind vor allem Bänke aus Harthölzern oder gut lackierte und damit weitgehend witterungsfeste Bänke aus Weichhölzern. Da diese Möbel sehr schwer sind und dementsprechend nur mit großem Aufwand eingelagert werden können, sind sie auch während der Sommermonate immer schon Feuchtigkeit ausgesetzt.

Abzuraten ist deshalb von preiswerten Kiefernbänken, die nur bedingt witterungsfest sind und dementsprechend hohen Pflegeaufwand erfordern beziehungsweise relativ schnell schadhaft werden.

Weitere Gartenmöbel

Hollywoodschaukel, Hängematte, Strandkorb – wer auf der Suche nach weiteren, ausgefalleneren Möbelstücken für den Garten ist, findet eine große Auswahl. Die Liste der Spezialitäten ist lang: Sie reicht von rustikalen Hängekonstruktionen zum Schaukeln an Bäumen über Biertische und -bänke bis hin zu Designobjekten von Künstlerhand. Im Blickpunkt stehen dabei Form, Farbe und Grundfunktion – beim Kauf allerdings empfiehlt sich auch hier das Augenmerk auf Praxistauglichkeit und Verarbeitungsqualität zu richten.

Die meisten dieser Möbelstücke lassen sich nämlich nur sehr schwer im Winter einlagern – ein entsprechend großer Stauraum ist also Voraussetzung für langanhaltende Freude an den Möbeln. Gartenmöbel sollten regelmäßig gereinigt und gepflegt werden. Die wichtigsten Pflegemaßnahmen hier im Überblick.

Gartenmöbelpflege

Kunststoff

Regelmäßiges Reinigen erforderlich: bei schwachen Verschmutzungen mit lauwarmem Wasser, Reinigungsmittel und Schwamm, bei starken Verunreinigungen mit Hochdruckreiniger. Der Handel führt darüber hinaus speziellen Kunststoffreiniger.

Eisen

Pulverisierte Oberflächen mit lauwarmem Wasser und Reinigungsmittel abwaschen. Schutzanstriche müssen regelmäßig alle zwei bis drei Jahre erneuert werden: Abschleifen des alten Anstriches, verrostete Stellen bis aufs blanke Eisen abschleifen und Rostumwandler aufbringen, Grundierung und ein bis zwei Farb-/Schutzanstriche auftragen.

Hartholz

Reinigen mit lauwarmem Wasser, Reinigungsmittel und Schwamm; starke Verschmutzungen und Moosbildungen mit Hochdruckreiniger beseitigen. Regelmäßig – am besten vor Beginn der Gar-

tensaison – mit Spezialöl vor Rissbildungen schützen. Durch Sonneneinstrahlung vergraute Hölzer können zudem mit speziellen „Entgrauern" behandelt werden.

Weichholz

Reinigen mit lauwarmem Wasser. Regelmäßige Pflegeanstriche bei Lacken und Lasuren erforderlich: Altanstrich gründlich abschleifen, Grundierung aufbringen und zwei bis drei neue Schutzanstriche aufbringen.

Rattan

Bei stärkeren Verschmutzungen mit Gartenschlauch (kein allzu hoher Druck) abspritzen. Ansonsten keine weiteren Pflegemaßnahmen erforderlich.

Pflege von Holzstühlen: verwitterte Schutzlasuren erst abschleifen (li.) und dann die neue Schutzlasur zwei- bis dreimal neu auftragen (re.)

Kissen und Auflagen

So wie man sich bettet, so sitzt und liegt man auch im grünen Zimmer: Kissen und Auflagen bestimmen maßgeblich den Komfort und das Wohlbefinden beim entspannten Sonnenbad auf der Liege genauso wie beim Zusammensitzen auf Stühlen und Bänken. Die bequemen Unterlagen tragen aber auch maßgeblich zur Optik im Garten bei: Farben und Muster der Stoffe springen ins Auge und prägen das Ambiente: gedeckte, erdige oder pastellartige Farben unterstreichen Romantik, bunte, helle und freundliche Designs stehen für Sommer und gute Laune, ausgefallene Muster und Farbkombinationen vermitteln Extravaganz oder Pep.

Fein abgestimmte Farben bieten ein harmonisches Bild

Einladend: Erst durch die Stoffe wird die Bank zur Sitzoase

Auswahlkriterien

Bei der Auswahl der Auflagen und Kissen gilt es, die Grundstimmung des Gartens aufzugreifen und durch eine bewusste Designwahl zu unterstreichen. Perfektionisten berücksichtigen dabei auch die Farbigkeit der Umgebungspflanzen, insbesondere derer Blütenfarben. Ein besonderes Augenmerk verdient bei Sitzgruppen das farbliche Zusammenspiel der Auflagen mit der Bespannung des Sonnenschirms: Beides wird als optische Einheit wahrgenommen. So passen zu einem Holzschirm im Landhausstil gedecktere, naturnahe Töne. Bunte Auflagen oder solche mit sehr hohem Weißanteil hingegen wirken hier oft unharmonisch.

Der Grundaufbau ist bei allen Kissen und Auflagen ähnlich: Der Kern besteht zumeist aus Schaumstoff – Qualitätsunterschiede zeigen sich vor allem in der Verarbeitung und in der Stoffqualität der Bezüge beziehungsweise deren Imprägnierung. Empfehlenswert sind vor allem Auflagen mit einem abnehmbaren Bezug – zu erkennen am seitlichen Reißverschluss. Sie lassen sich waschen, was mit der Zeit einfach notwendig wird.

Auflagen selber nähen

Bei ausgefalleneren Gartenmöbeln wie Deckchairs oder speziellen Liegen ist das Angebot an Auflagen und Kissen mager: Da es keine verbindlichen Normen für die Größe gibt, passt nicht jede Unterlage auf jedes Möbelstück. Selbst bei Gartenstühlen ist man nicht selten nur auf das Angebot an Kissen angewiesen, dass die Möbelhersteller in ihrem Programm führen. Das beschränkt sich zumeist nur auf wenige Designs, die zudem noch Modetrends unterworfen sind.

Wer spezielle Vorstellungen in Bezug auf Farbe, Muster und Stoffqualität hat, kommt oft nicht umhin, Auflagen und Kissen speziell anfertigen zu lassen oder sie selbst zu nähen. Das erfordert lediglich etwas schneiderisches Geschick. Neben dem Bezugsstoff benötigt man dazu Schaumstoff, Vlieseline (einen speziellen Unterbezug) sowie eventuell Reisverschlüsse und Bänder.

■ Zunächst Sitz- und Rückenfläche ausmessen (Länge/Breite), dann Schaumstoffdicke und Stoffmenge bestimmen (Länge und Breite je mal zwei zuzüglich Schaumstoffdicke mal zwei plus 1,5 cm Nahtzugaben). Der Schaumstoff lässt sich am besten mit einem Elektromesser zuschneiden (Maß auf Liege überprüfen).

■ Eine Lage Vlieseline erleichtert es später, den Bezug aufzuziehen. Deshalb wird der Schaumstoff komplett mit Vlieseline ummantelt. Vlieseline passend zuschneiden und mit Sprühkleber auf dem Schaumstoff fixieren. Der Überschlag wird mit Heftstichen zusätzlich gesichert.

■ Dann den Überzug nähen: Stoff zuschneiden, Schnittkanten abketteln (Zickzackstich), Reißverschlüsse einsetzen und abnähen.

■ Abschließend eventuell zusätzliche Bänder anbringen, um die Auflage an Stuhl oder Liege festbinden zu können.

Besonders bei ausgefalleneren Liegen ist die Designauswahl gering

Bei Standardliegen findet man ein breiteres Angebot an Auflagen

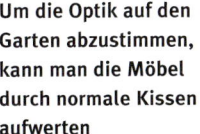

Um die Optik auf den Garten abzustimmen, kann man die Möbel durch normale Kissen aufwerten

Sonnenschirme

Kleine Schirme lassen sich vielseitig verwenden ...

Er macht das Leben im Garten auch dann lebenswert, wenn die Sonne es viel zu gut meint: der Sonnenschutz – allen voran der Sonnenschirm. Für keine Produktgruppe der Gartenmöbel gilt dabei so konsequent der Grundsatz: Je mehr der Schirm kostet, desto besser ist er auch.

Im Wesentlichen kommt es bei der Auswahl auf drei Faktoren an: die Größe, das Gestänge und die Bespannung. Der wichtigste Faktor ist die Größe: Das Spektrum bei Sonnenschirmen für Privatgärten reicht von 180–400 cm Spannweite. Je größer der Schirm ist, desto mehr Schatten spendet er zwar, aber desto unhandlicher wird er auch. Und: Er benötigt einen größeren Fuß. Genau hier liegt bei den großen Schattenspendern der Hase im Pfeffer: Um bei einem 3-m-Schirm ausreichende Standsicherheit zu gewährleisten, muss der Fuß auf einer großen Grundfläche stehen und dementsprechend schwer sein. Das bedeutet zugleich: Man kann den Fuß nicht ohne weiteres bewegen, er bildet ein relativ großes Hindernis auf der Terrasse und er ist optisch dominant.

... während größere Schirme zwar mehr Schatten spenden, dafür aber nicht so handlich sind

Als Alternative zu einem schweren Fuß bietet es sich an, einen Bodeneinbauständer zu verwenden, also eine Ständerkonstruktion fest im Boden zu versenken. Bei Terrassen setzt dies allerdings voraus, dass man den Standort des Sonnenschirms bereits vor dem Pflastern festgelegt hat. Außerdem hat diese Form des Verankerns den Nachteil, dass der Schirm wirklich nur an einer Stelle im Garten aufgestellt werden kann – es sei denn, man versenkt von vornherein mehrere Bodenhülsen an verschiedenen Standorten. Nicht zuletzt verliert der Schirm durch das Versenken des Ständers im Boden ca. 30 cm an Höhe.

Große Schirme sind deshalb nur dann wirklich sinnvoll, wenn sie einen fest umrissenen Sitzplatz im Garten abschirmen sollen. Kleinere Schirme mit einem Durchmesser bis zu 3 m lassen sich hingegen sehr flexibel handhaben, leicht transportieren und überall im Garten aufstellen.

Ist die Grundsatzentscheidung für die richtige Größe des Sonnenschirms gefallen, gilt es beim Kauf auf das Gestänge und die Bespannung zu achten. Bei preiswerten Modellen ist die Konstruktion meist aus billigen Stahlrohr aufgebaut und die Bespannung besteht oft nur aus unzureichend imprägniertem Stoff. Teure Schirme hingegen bieten eine komfortable Spanntechnik – beispielsweise mit Flaschenzug oder Kurbel – und hochwertige, imprägnierte Bespannung.

In Bauern- und Naturgärten, vor allem aber im Zusammenspiel mit Holzmöbeln machen Holzschirme eine sehr gute Figur. Sie führt der Handel unter der Bezeichnung Landhausschirm. Hier kommt es ganz wesentlich auf die Verarbeitung des Gestänges an – teurere Schirme verfügen

Alternativen zum Standardschirm: Ampelschirm (li.) und Marquise (re.)

nicht nur über eine Kurbel, sondern sichern die Bespannung mit wesentlich mehr Streben ab, als dies bei preiswerten Schirmen der Fall ist.

Bei den Kunststoffschirmen liegen vor allem Ampelschirme im Trend: Sie sind bogenförmig aufgehängt – der Ständer ist nicht mehr mittig angeordnet, sondern befindet sich seitlich des Schirms. Ampelschirme sind dabei wesentlich teurer als Standardschirme und benötigen einen sehr stabilen Fuß, wenn nicht sogar ein Fundament.

Markisen, Segel, Sonnenpavillons

Direkt am Haus bieten sich Markisen als Alternative zu großen Sonnenschirmen an. Sie glänzen mit vielen Vorteilen: Die verschattete Fläche ist groß, sie bieten auch bei Regen Schutz und lassen sich einfach handhaben – vor allem wenn die Markisen von elektrischen Motoren angetrieben werden. Außerdem müssen Markisen – anders als Schirme – im Winter nicht eingelagert werden. Und: Sie verschatten immer auch Fensterfronten und mindern im Sommer so auch das Aufheizen des Hausinneren.

Nachteilig hingegen ist der hohe Anschaffungs- und Montagepreis. Außerdem können Markisen nicht an allen Häusern angebracht werden.

Sonnensegel stellen eine weitere Alternative zu Sonnenschirmen dar. Sie bestechen durch ihre Optik, sind aber nicht sehr praktisch. Das Spannen ist aufwendig. Außerdem können die Segel nicht ohne weiteres unterschiedlichen Sonnenständen im Tagesverlauf angepasst werden.

Im Trend liegen zudem Sonnenpavillons, die rund 9 m² Grundfläche beschatten. Empfehlenswert sind stabile Modelle mit langlebiger Holzkonstruktion.

Ein massiver Sonnenpavillon mit einer Holzkonstruktion ist langlebig und optisch attraktiv

Treffpunkt Garten – gemeinsam genießen

Gesprächszeit

Gärten sind Orte der Begegnung, der Gemeinsamkeit, der Geselligkeit: Sie laden ein zum trauten Gespräch unter vier Augen, zum fröhlichen Beisammensein mit Freunden und Familienmitgliedern, zum Feiern mit vielen Menschen unter freiem Himmel. Die Atmosphäre, die Intimität und das Wohlbefinden lassen sich dabei durch verschiedene planerische Maßnahmen unterstreichen.

Nähe und Intimität

Das Wohlbefinden während einer Unterhaltung wird vor allem durch Nähe und Distanz bestimmt. Entscheidend ist, wie weit man voneinander entfernt sitzt. Je enger man miteinander vertraut ist, desto mehr sucht man auch die Nähe zu seinem Gesprächspartner. Ein kleiner Tisch ist ideal für Gespräche mit Menschen, die einem nahe stehen – vor allem für romantische Stunden zu zweit. Nachteilig ist allein, dass man an kleinen Tischen wenig Platz hat – zum Beispiel beim Essen.

Hier liegt der wesentliche Vorteil eines größeren Gartentisches – an ihm haben nicht nur mehr Menschen Platz, sondern er bietet einfach wesentlich mehr Entfaltungsraum – und das nicht nur als Speisetafel, sondern auch als Spiel- oder Arbeitsfläche. Ein großer Tisch führt allerdings auch zwangsläufig zu mehr Abstand zu den Gesprächspartnern – ein Stück Intimität geht so verloren.

Der Tischgröße kommt im Garten als Ort der Begegnung also entscheidende Bedeutung zu: Tische mit bis zu 40 cm Durchmesser oder kleine Hocker sind erste Wahl als Abstelltische für Getränke und kleine Snacks beim intimen Gespräch zu zweit. Runde Tische bis zu einem Durchmesser von 80 cm bieten bis zu vier Personen ausreichend Platz – und vermitteln dabei immer noch viel Nähe und Geborgenheit. Sie sind ausreichend groß zum Frühstücken oder Kaffeetrinken unter freiem Himmel. Zum gemeinschaftlichen Essen oder für mehrere Personen muss der Tisch dann allerdings doch wesentlich größer sein.

Wer optimale Voraussetzungen sowohl für schöne Stunden zu zweit als auch in großer Runde schaffen möchte, kommt so nicht umhin, zwei unterschiedlich große Sitzplätze einzurichten.

Intimität pur: Durch die Raumenge und die nah beieinander stehenden Stühle rund um den kleinen Tisch entsteht eine lauschige Gesprächsatmosphäre

Gesprächsoasen

Das lauschige Plätzchen im Grünen, das einen umwillkürlich anzieht und zu schönen Stunden zu zweit oder zu mehreren förmlich einlädt – das darf in keinem Traumgarten fehlen. Es strahlt Romantik und Initimität aus, lässt den Alltag vergessen und das Leben genießen. Sein

Einladung zum Entspannen: Bequeme Stühle an schön dekorierten Tischen ...

... bilden den optimalen Rahmen für ein gemeinsames Gartenerlebnis

Profil unterscheidet sich nicht wesentlich vom bewusst gestalteten Entspannungsplatz: Wie er bettet sich die Gesprächsoase harmonisch in den Garten ein, vermittelt Schutz und Geborgenheit und lässt die Umgebung aktiv erleben.

Der kleine Tisch mit den bequemen Stühlen, auf denen man es sich gerne stundenlang gemütlich macht, steht am vorteilhaftesten dort, wo man einen besonders schönen Blick in den Garten genießt. Im optimalen Fall wirft die Krone eines Baumes lichten Schatten, halten grüne Wände neugierige Blicke ab und betont ein bewusst gestalteter Untergrund die Inselatmosphäre.

Den Signalcharakter einer Rückzugszone von Alltag und Arbeit unterstreicht, wenn die Gesprächsoase für sich alleine steht und in einem vom Haus entfernten Teilbereich des Gartens angelegt wird. Allerdings sollte sie leicht und stolperfrei über einen Hauptweg zu erreichen sein, damit man sie beispielsweise mit einem Tablett in der Hand sicher erreicht.

Einen solchen Platz im Garten kann nur eines toppen: die klassische Gartenlaube. Seit Jahrhunderten steht sie als Sinnbild für romantische Stunden zu zweit oder im Kreis der Familie. Sie bietet dabei nicht nur perfekten Schutz vor Witterungseinflüssen, sondern bereichert den Garten auch um ein intuitives Ziel, das Vorfreude und Gartenlust steigert. Dass man sie dennoch nur in wenigen Gärten findet, hat allein pragmatische Gründe: Der Garten muss groß genug sein, um einer Laube auch den entsprechend wirkungsvollen Platz zuweisen zu können. Und: Das Errichten ist mit relativ hohen Kosten verbunden. Nicht nur die Laube an sich schlägt dabei kräftig zu Buche, sondern auch das erforderliche Fundament. Deshalb entscheiden sich viele Gartenbesitzer für stoffbespannte Sonnenpavillons, die weniger kosten und leichter zu installieren sind.

Gesellige Runden

Beim geselligen Zusammensein dient der Garten in erster Linie als Kulisse. Anders als beim Entspannen im Garten – das vom intensive Naturerlebnis geprägt ist – spielen hier Bepflanzung und Detailgestaltung nur eine untergeordnete Rolle.

Wichtig sind vor allem praktische Aspekte: Sitzt man geschützt, wackeln Tisch oder Stühle, sind die Wege ins Haus, zur Küche und zur Toilette kurz? Solche Fragen spielen hier eine wichtigere Rolle als beispielsweise die Pflanzanordnung rund um den Sitzplatz.

Große Gartentische stehen am besten auf einer ausreichend großen Terrasse direkt am Haus. Ideal ist es, wenn der Sitzplatz windgeschützt liegt und eine Überdachung Feuchtigkeit oder intensive Sonneneinstrahlung abhält oder mindert.

Einen solchen Sitzplatz aber allein unter pragmatischen Gesichtspunkten zu betrachten, greift zu kurz. Durch eine bewusste Gestaltung der Freifläche und ihrer Umgebung lassen sich nämlich

Gemütlichkeit und Romantik wesentlich steigern. Wirkungsvoll ist vor allem, den Sitzplatz harmonisch in den Garten einzubeziehen und auch ihn naturnah einzubinden: Grüne Wände oder zumindest eine halbhohe Bepflanzung rund um Teile der Sitzfläche tragen dazu entscheidend bei. Ideal ist es, wenn die Terrassenfläche der Tischform und -größe angepasst ist und die Freifläche so die runde oder die ovale Tischfläche aufgreift.

Die Gartenbank im Grünen: der Klassiker beim gemütlichen Plausch unter freiem Himmel

Größere Sitzrunden bieten zwar mehreren Personen Platz – durch die größere Entfernung der Sitzpostitionen geht allerdings ein Stück Intimität verloren

Top-Ten-Tipps zur Sitzplatzgestaltung

Kein Sitzplatz gleicht dem anderen – trotzdem gelten einige Regeln für alle größeren Sitzgelegenheiten im Garten:

1. Bewegungsraum schaffen

Für den Praxiswert eines Sitzplatzes ist der Freiraum um den Tisch herum von besonderem Interesse. So muss zum einen ausreichend Platz sein, den Stuhl beim Hinsetzen oder Aufstehen abrücken zu können, zum anderen müssen sich andere Personen hinter dem Sitzenden noch bewegen können. 80 cm Freiraum von der Tischkante ab gemessen sind dabei das absolute Minimum.

2. Dornige Bepflanzung vermeiden

In unmittelbarer Nähe zu Sitzplätzen sollten sich keine dornigen oder stacheligen

Pflanzen befinden – andernfalls verletzt man sich leicht oder reißt sich ärgerliche Löcher in Kleidungsstücke.

3. Terrassen unterteilen

Gemütlichkeit und Intimität lassen sich durch räumliche Begrenzungen unterstreichen. Auf großflächigen Terrassen kann man die Intimität des Sitzplatzes durch das Aufstellen von Kübelpflanzen steigern.

4. Insekten abhalten

Wenn Mücken, Wespen & Co rund um den Sitzpaltz schwirren, stellt sich keine Entspannung ein. Die Anziehungskraft des Sitzplatzes für Insekten allerdings kann man vielfältig mindern, so zum Beispiel durch eine entsprechende Bepflanzung in Sitzplatznähe. Während

Kübelpflanzen grenzen den Sitzplatz gegenüber der Wiesenfläche ab und suggerieren Schutz und Geborgenheit. Der Sitzplatz selbst ist harmonisch in das Umgebungsgrün eingebettet

die Insekten auf einige Pflanzen im wahrsten Sinne des Wortes fliegen, halten andere wie Zitronengewächse sie eher ab. Abends leisten Duftkerzen beim Schutz vor lästigen Mücken und Insekten wertvolle Dienste.

5. Standfeste Tische nutzen

Wackelige Tische nerven. Auf relativ unebenen Untergründen, wie Natursteinböden, sind deshalb vor allem dreibeinige Tische mit relativ kleinen Füßen erste Wahl.

6. Tische erweitern

Wenn es auf dem Gartentisch zu eng wird, erweisen sich Hocker, Klapp- und Beistelltische als willkommene Erweiterungsflächen. Bei Gartentischen in Hausnähe kann man Abstellflächen durch bauliche Maßnahmen schaffen, indem man beispielsweise entsprechende Vorsprünge schafft.

7. Steckdosen vorsehen

Ob Toaster, Notebook oder Zusatzleuchte – an Sitzplätzen wird immer wieder auch Strom benötigt. Dementsprechend sollten sich in Sitzplatznähe feuchtigkeitssichere Steckdosen befinden.

8. Beleuchtung einplanen

Der Schein von Kerzen oder Öllampen an Sommerarbenden reicht oft nicht aus. Ideal ist eine blendfreie mittige Beleuchtung, die allein die Tischfläche ausleuchtet.

9. Erdkontakt vermeiden

Holztische und -stühle sollten nicht längere Zeit direkt auf erdigem Untergrund

oder Wiesen stehen – die Feuchtikgeit wandert ansonsten in den Beinen hoch und zersetzt mit der Zeit das Material.

10. Dekorationen abstimmen

Ob Tischdecke, Geschirr oder dekorative Elemente – die Tischdekoration sollte sich farblich immer an den Umgebungsflächen orientieren und so eine Einheit mit Bepfanzung und Bezügen bilden.

Schön dekorierte Tische wie hier in den Farben des Sommers runden das Gartenerlebnis ab

Inselcharakter: Durch die klar von der Umgebung abgegrenzte Bodenfläche hebt sich die Sitzgruppe deutlich vom Garten ab

Gartenparty

Freunde treffen, sich unterhalten, lachen, essen, trinken, tanzen – und alles unter freiem Himmel: Das macht eine stimmungsvolle Sommerparty aus. Dementsprechend vielseitig sind die Anforderungen an die Planung.

Der Partyraum Garten

Maßgeblich mitentscheidend für den Erfolg eines Sommerfestes ist die Größe des „Partyraums Garten": Er sollte so begrenzt sein, dass die Gäste sich nicht verlaufen, sondern in enger Kommunikation miteinander stehen. Zu eng allerdings darf es auch wiederum nicht sein – es sollte für jeden Rückzugs- und Ausweichmöglichkeiten vom bunten Trubel geben.

Auf der richtigen Seite befindet man sich, wenn man pro Gast 1,5 bis 2 m² Fläche einrechnet. Terrassen sind dabei selten groß genug, um 25 oder mehr Gästen einen entsprechenden Bewegungsraum zu bieten. Rasenflächen und Wege im Garten gilt es so mit einzubeziehen.

Wichtig ist dabei, die Bewegungsflächen klar zu markieren und einzugrenzen, zum Beispiel indem man Tische entsprechend zusammenstellt oder die Flächen durch Partylichter markiert. Besonders stimmungsvoll präsentieren sich über der Wiesenfläche gespannte bunte Glühlampenketten oder Fackeln, die den Raum begrenzen.

Die richtige Bestuhlung

Sommerfeste leben von Stimmung und Bewegung – nicht von anheimelnder Gemütlichkeit. Und Gäste, die den ganzen Abend in einem bequemen Gartenstuhl sitzen und sich nicht vom Fleck rühren, tragen zumeist wenig zu einer ausgelassener Stimmung bei. Einfache, einladende Sitzgelegenheiten sind deshalb erste Wahl bei einem Gartenfest – und nicht von ungefähr entwickelt sich meist im engen Miteinander an Biertischen mit den entsprechend harten Bänken die beste Stimmung. Bierzeltgarnituren kann man sich übrigens bei vielen Getränkehändlern ausleihen.

Bei der Planung eines Gartenfestes kann es nicht das Ziel sein, für jeden Gast einen bequemen Sitzplatz einzurichten. Es muss noch nicht einmal für jeden ein Stuhl bereitstehen – ein paar Kissen auf einer Trockenmauer oder Stehtische werden genauso gerne angenommen. Meist ist es ausreichend, wenn man nur etwa 80 bis 90 % der Gäste eine Sitzgelegenheit anbietet. Das gilt selbst für Sitzplätze

Stimmungsvoll: Gartenpartys zählen zu den Highlights des Sommers

zum Essen: Zum einen bedienen sich nicht alle gleichzeitig am Buffet, zum anderen fördert es durchaus die Kommunikation, wenn sich Gäste mit dem Teller in der Hand einen freien Platz suchen müssen.

Ausreichend Sitzplätze sollten allerdings im Hausinnern zur Verfügung stehen – nämlich für den Fall, wenn es ärgerlicherweise zu regnen beginnt. Es sollten deshalb nicht mehr Gäste eingeladen werden, als man auch im Trockenen bewirten kann.

Das Buffet

Ein Buffet fehlt wohl auf keinem Gartenfest. Man sollte es allerdings nicht gerade unter Bäumen oder in der Nähe von hoch gewachsenen Büschen aufbauen. In den Pflanzen lebende Kleintiere verirren sich ansonsten nämlich schnell zwischen den Köstlichkeiten.

Eine ausreichend helle Beleuchtung über dem Buffet ist unverzichtbar. Besonders stimmungsvoll und leicht zu installieren sind verschiedene Lampions, die an einer Schnur über dem Buffet aufgehängt werden. Für die Präsentation der Speisen ist ein schmaler, länglicher Tisch ideal. Hierfür eigenen sich Tapeziertische besonders gut. Allerdings sollte man darauf achten, dass der Tisch sicher steht. Wenn keine ausreichend lange Tischdecke zur Verfügung steht, kann man auch ein entsprechend großes Bettlaken zur Grunddekoration zweckentfremden.

Lichtzauber

Die romantische Stimmung eines lauen Sommerabends mit Freunden unterstreicht eine dezente Mischbeleuchtung aus natürlichem und künstlichem Licht.

Ein reichhaltiges, liebevoll angerichtetes Buffet weckt den Appetit

Ein Fest für die Augen: Aufeinander abgestimmte Dekorationen und offenes Licht tragen maßgeblich zur festlichen Atmosphäre bei

Wirkungsvoll sind Kerzen und Windlichter an Tischen in Kombination mit bunten Lichterketten, die zwischen Haus, Pergola oder Bäumen gespannt werden.

Die Kunst einer guten Lichtplanung für Gartenfeste liegt darin, nicht zu viel und nicht zu wenig Licht zu schaffen. Grundsätzlich gilt: Zu wenig Helligkeit ist besser als zu viel. Helle Lampen, die noch dazu blenden, sind der Atmosphäre abträglich. Gleichwohl muss ausreichend Funktionslicht zur Verfügung stehen – beispielsweise zum Essen oder über dem Buffet. Auch Wege und eventuelle Stolperfallen müssen zur Sicherheit ausreichend erleuchtet sein.

Der Grillplatz – die Küche im Garten

TIPP

Bezüglich der Sicherheit eines Grills geben Gütezeichen Auskunft. Geräte nach DIN 66077 und mit GS-Zeichen für „Geprüfte Sicherheit" sind besonders empfehlenswert.

Grillen ist das heißeste Vergnügen im Garten. Ob im Kreise der Familie oder zusammen mit Freunden und Bekannten – wenn sich der Duft von gegrilltem Fleisch, Fisch oder vegetarischen Köstlichkeiten durch den Garten zieht, ist Sommerstimmung pur angesagt.

Der richtige Grill

Die Küche in den Garten zu verlegen und die Speisen direkt unter freiem Himmel anzurichten, macht vor allem dann Spaß, wenn der richtige Grill zur Vefügung steht. Neben dem klassichen Holzkohlengrill stehen Gas- und Elektrogrill zur Wahl. Letztere zeichnen sich durch besonders leichte Handhabung, ein jederzeit gesundes Grillen und geringen Pflegeaufwand aus. Freunde eines ursprünglichen Grillvergnügens vermissen allerdings die unnachahmliche Atmosphäre der lodernden Holzkohleglut.

Wichtig ist vor allem die richtige Größe des Grills: Wenn nur gelegentlich für einen kleinen Kreis von Menschen gegrillt wird, ist ein kleiner Grill mit einer Grundfläche von 30 x 40 cm oder 40 cm Durchmesser völlig ausreichend. Größere Grills sind erst ab sechs Personen erforderlich.

Die Qualitäts- und damit auch die Preisunterschiede bei den Grillgeräten sind enorm, vor allem bei den Holzkohlegrills. Hier kommt es vor allem auf das Material an, aus dem die Grillwanne aufgebaut ist. Preiswerte Grills sind aus dünnem Stahlblech, bessere aus Gußeisen und teure aus Edelstahl gefertigt. Je stärker das Material ist, desto besser speichert und verteilt der Grill die Hitze. Ein weiteres Qualitätsmerkmal ist bei Grills aus Stahlblech die Beschichtung; nur wenn sie hochwertig ist, ist der Grill auch langlebig.

Preisentscheidend ist weiterhin, wie viel Komfort der Grill bietet, vor allem, mit wie vielen Ablageflächen er ausgestattet

Gesünder Grillen: Alufolien und -schalen verhindern, dass das Fett in die Glut tropft und Krebs erregende Stoffe entstehen

ist. Emfpehlenswerte Grills bieten links und rechts von der Grillschale Abstellflächen aus Holz für Grillgut, Teller oder Besteck. In der Praxis bewähren sich darüber hinaus Holzkohlengrills, deren Grillwanne mit einer Haube abgedeckt werden kann. Diese Haube verhindert, dass Regenwasser in die Wanne eindringen und sich dort sammeln kann. Wird dies nicht vermieden, so rostet der Grill.

Beim Grillen tropft zwangsläufig Fett vom Grillgut ab. Wenn es auf die offene Glut fällt, verbrennt es und zersetzt sich. Es kommt zu Rauchentwicklung und zur Ausbildung Krebs erregender Stoffe, so genannter Benzpyrene. Diese lagern sich auf dem Grillgut ab, was das Holzkohlengrillen etwas in Verruf gebracht hat. Allerdings kann man dem verbeugen, indem man das Grillgut auf Aluminiumschalen oder -folie legt.

Einige Grillhersteller verhindern die Bildung von Benzpyrenen aber auch konstruktiv: So wird beispielsweise bei so genannten Bio-Rost-Geräten das abtropfende Fett über speziell ausgeformte Grillroststäbe in eine Auffangschale vor dem Grill geleitet. Bei anderen Geräten befindet sich die Glut in einer speziellen Halterung, die man senkrecht zur Seite schwenken kann – beispielsweise dann, wenn vom Grillgut Fett in größeren Mengen abtropft.

Standardgrillarten im Überblick:

1. Holzkohlengrill

2. Gasgrill

3. Elektrogrill

Der optimale Grillplatz

Der optimale Platz zum Grillen liegt zuallererst dort, wo er niemanden stört – vor allem nicht die Nachbarn. Ihnen gegenüber ist Rücksichtnahme das oberste Gebot, denn Rauchschwaden sind für Unbeteiligte nicht unbedingt ein Vergnügen.

Wohin der Rauch zieht, ist vom Wind abhängig. Auf ihn gilt es aber nicht nur den Nachbarn zuliebe zu achten: Wenn es etwas stärker windet, muss man vor allem bei offenen Holzkohlengrills besondere Vorsicht walten lassen. Die Wannen sind relativ ungeschützt – entsprechend leicht kommt es zu gefährlichem Funkenschlag. Fürs Grillen empfiehlt sich deshalb ein windgeschützter Platz.

Der Rauch muss jederzeit unbehindert abziehen zu können. Deshalb sollte man einen Kamin weder unter Dachüberständen noch unter Bäumen oder Sträuchern aufstellen. Letztere sind nicht nur durch Funkenschlag gefährdet – die enorme Hitze, die von einem Grill abstrahlt, kann die Pflanzen nachhaltig schädigen. Unter praktischen Gesichtspunkten steht ein

Grill am besten in der Nähe des Esstisches. Das verkürzt Wege und man hat auch während der Mahlzeit die Glut jederzeit im Blick. Nicht zuletzt erlaubt es auch dem Grillmeister, an der Tischgemeinschaft teilhaben zu können.

Fest installierte Grills

Wer gerne und oft grillt, für den empfiehlt sich ein fest installierter Grillplatz im Garten. Er verkörpert ein Stück Lebenskultur, schafft einen zusätzlichen attraktiven Blickpunkt und ist darüber hinaus praktisch. Nicht nur, dass fest installierte Grills stets einsatzbereit sind – sie sind auch wetterfest. Verschiedene Alternativen stehen zur Wahl:

Grillkamine
Unter dieser Bezeichnung führt der Handel zumeist als Bausatz erhältliche Grills. Sie verfügen über:
■ einen festen Sockel (meist aus Leichtbeton);
■ einen Grillraum aus Schamotten mit Feuerplatte, Seiten- und Rückwänden sowie einem Grillrost;
■ einen kaminähnlichen Rauchsammler mit Haubenaufsatz und Wetterschutzdeckel.

Je nach Hersteller gibt es umfangreiches Zubehör wie Grillmulden mit Ascheschublade oder Tropfschalen und Glutkörbe. Die Kamine sind im Vergleich zu anderen Feuerstätten ähnlicher Größe relativ preiswert – allerdings ist ihre Optik in der Regel nicht allzu hochwertig. Einige Grillkamine lassen sich aber zum Beispiel mit Klinker verkleiden, was sie deutlich aufwertet.

Eine Alternative stellen fahrbare Grillkamine aus Stahlblech oder Edelstahl dar. Wenn Sie in mindestens 3 m Entfer-

Grillkamine dürfen ohne Genehmigung angefeuert werden, wenn sie mindestens drei Meter vom Haus entfernt sind und der Rauch ungehindert abziehen kann

Gartengrills im Vergleich: ein Komfortgrill aus Stahl (li.) und eine selbst gemauerte Feuerstätte (re.)

nung vom Gebäude oder brennbaren Materialien aufgestellt werden, unterliegen sie keinerlei Zulassungsbeschränkungen und können auch ohne Genehmigung des Schornsteinfegers betrieben werden. Allerdings muss ein ungehinderter Abzug der Rauchgase gewährleistet sein – der Betrieb ist etwa unter Bäumen ausdrücklich untersagt.

Selbst gefertigte Grillkamine

Als Alternative zu den Grillkaminen „von der Stange" bieten sich selbst gebaute oder speziell angefertigte Feuerstätten an. Dazu reicht es schon aus, ein paar große Steine zu einem Halbkreis aufeinander zu setzen und so einen Feuerraum zu bilden. Die Mauer sollte mindestens 40 cm hoch und so ausgeformt sein, dass man oben einen Grillrost auflegen kann.

Bei dieser Art Grill ist darauf zu achten, dass von der Feuerstätte keine Brandgefahr ausgeht. Weitaus komfortabler sind vom Fachmann speziell angefertigte Grillkamine mit einem in der Höhe verstellbaren Grillrost. Optisch attraktiv wirken sie vor allem, wenn sie einen Rauchabzug erhalten. Individuell angefertigte Grillkamine können zudem bestens der individuellen Gartengestaltung angepasst werden.

Gemauerte Außenkamine

Der gemauerte Außenkamin setzt einem lauschigen Abend unter freiem Himmel die Krone auf. Seine Wärmewirkung ist allerdings äußerst gering ist: Die meiste Energie verpufft nahezu sinnlos. Zwar erwärmt ein offener Kamin auf einer überdachten Terrasse die kühle Abendluft – aber von einer wirkungsvollen Heizleistung kann nicht die Rede sein.

Echten Nutzen bietet der offene Kamin deshalb nur dann, wenn er auch als Grill dient – dementsprechend bietet der Handel ein breites Angebot an industriell gefertigten Bausätzen mit entsprechendem Grillzubehör an.

Für einen an das Gebäude angemauerten Außenkamin gelten zahlreiche Bestimmungen: Er benötigt auf jeden Fall einen eigenen Schornstein, der im Einklang mit den örtlichen Bebauungsvorschriften errichtet werden muss.

Für den Aufbau bieten die Hersteller Kaminfeuerungen mit Schamotten in verschiedenen Größen und Ausführungen an – so zum Beispiel mit einem zweiseitig geöffneten Brennraum. Nach der Errichtung muss der Kamin vom Bezirksschornsteinfegermeister abgenommen werden.

Freizeitraum Garten –
Spiel, Spaß, Lebensfreude

Die Spielwiese – Freiraum für Jung und Alt

Spiel, Sport, Spaß: Der Garten ist vor allem für junge und jung gebliebene Menschen ein attraktiver Aktivitätsraum. Das Spektrum an Freizeitbeschäftigungen ist dabei enorm groß – und je nach Alter der Gartennutzer stehen ganz verschiedene Interessen im Mittelpunkt. Vor allem bei der Planung von kleineren Gärten gilt es deshalb Schwerpunkte zu setzen.

Gestaltung der Spielwiese

Im Zentrum der Freizeitaktivitäten stehen stets Freiflächen, allen voran die Spielwiese. Hier werfen sich Kleinkinder Bälle zu, ältere Kinder spielen Fußball oder nutzen die Wiese als Zeltplatz. Familienmitglieder tragen Tischtennisduelle oder Federballturniere aus, Erwachsene messen sich bei Boccia oder Rasenpolo. Die Liste der Spiele und sportlichen Aktionen lässt sich problemlos fortsetzen.

Um ihnen nachgehen zu können, muss eine ausreichend große Wiese zur Verfügung stehen. Je kleiner die Fläche ist, desto wichtiger wird es, die Begrenzungsbereiche entsprechend zu bepflanzen: Vermeiden sollte man vor allem dornige Sträucher, um Verletzungsgefahren vorzubeugen, und dichte Bodendecker, um das Suchen von kleinen Bällen oder anderen Spielgeräten nicht zu erschweren.

In der unmittelbaren Umgebung eines solchen Spielplatzes haben zudem giftige Pflanzen – wie Oleander – oder Pflanzen, die giftige Früchte tragen – wie die Vogelbeere – nichts zu suchen. Das gilt besonders, wenn auch kleinere Kinder den Garten als Spielplatz nutzen.

Ballspiele und tobende Kinder stellen stets eine potenzielle Gefahr für Pflanzen dar, vor allem für filigrane Stauden oder blütentragende Gehölze. Wenn der Ball erst einmal in ein Blumenbeet fliegt, ist die Blütenpracht schnell dahin. Die entsprechenden Beete, vor allem aber auch Liebhabergärten, gilt es deshalb nicht direkt am Rand von Spielwiesen anzulegen, sondern in abgeschirmt gelegenen Gartenbereichen.

Eine kleine Hecke ...

... oder eine niedrige Steinmauer grenzen die Spielwiese von anderen Gartenteilen ab und schützen diese bei Ballspielen

Gartenparadies für Kinder

Die Vorstellung vom Paradies wechseln bei Kindern von Jahr zu Jahr, denn mit dem Heranwachsen ändern sich auch Bedürfnisse und Spielgewohnheiten.

Sandkasten

Für Kinder im Vorschulalter ist der Sandkasten die Attraktion im Garten schlechthin. Da die Kleinen beim Spielen beaufsichtigt werden müssen, erleichtert man sich das Leben, wenn sich der Sandkasten in unmittelbarer Nähe des Hauses befindet. Und eine bequeme Sitzgelegenheit am Rande dieses Spielplatzes weiß man vor allem bei stundenlanger Aufsicht zu schätzen.

Der Sand bleibt beim Spielen selten nur im Kasten – die Randflächen sollten deshalb ausreichend breit sein, damit nach dem Spielen mit Förmchen der Sand einfach wieder in den Kasten gefegt werden kann. Der Handel führt speziellen Spielsand, der sauber und fein ist. Bausand ist nicht geeignet, da er viele Fremd-

stoffe enthält. Der Sand sollte in jedem Frühjahr ausgetauscht werden, weil er mit der Zeit verdreckt und sich immer mehr Kleintiere einnisten.

Wichtig ist vor allem auch eine gute Abdeckung des Sandkastens – andernfalls gleicht er nach einem Regenguss eher einer Schlammgrube. Besonders gut geeignet sind spannbare Planen.

Alle zwei bis drei Jahre benötigen die Holzteile einen neuen Schutzanstrich. Hierzu dürfen nur speziell geeignete, absolut ungefährliche Lacke oder Lasuren eingesetzt werden.

Klettergerüst

Mit dem Grundschulalter erlahmt das Interesse am Sandkasten – dann sind vor allem Spielbereiche zum Toben und Klettern gefragt. Der Handel bietet dazu ein breites Sortiment an Klettergerüsten an. Bei der Kaufentscheidung ist der zur Verfügung stehende Raum zu berücksichtigen: Rings um das Klettergerüst müssen

Beim Errichten von Spiel- und Klettergerüsten kommt es auf Stabilität und einen weichen Untergrund an

mindestens 3 m Platz verbleiben. Beim Aufstellen gilt es sich exakt an die Herstellerangaben zu halten. Wichtig ist vor allem ein sicherer Stand. Alle Klettergerüste müssen im Boden verankert werden, da zum Teil sehr hohe Kräfte – beispielsweise beim Schaukeln – auftreten. Unmittelbar unter und neben dem Spielgerät sollte die Verletzungsgefahr so gering wie möglich gehalten werden. Ein weicher Bodenbelag ist unverzichtbar. Gut eignen sich Rasen oder mit Rindenmulch abgedeckte, verdichtete Erde. Steine oder andere spitze Gegenstände sollten sorgfältig entfernt werden.

Baumhaus

Baumhäuser oder eigens für Kinder gestaltete Spielhäuser im Garten sind für die Kleinen mehr als ein Spielgerät: Sie sind Rückzugszone, Treffpunkt und individueller Entfaltungsraum. Entsprechend gerne werden sie angenommen. Beim Bau eines Baumhauses brauchen Kinder aktive Unterstützung durch Erwachsene. Auf folgende Punkte ist besonders zu achten:

- stabile Grundkonstruktion schaffen
- nur einwandfreie, stabile Hölzer verwenden
- rohes Holz mit einer Drahtbürste abbürsten und Splitter entfernen
- Schnittkanten abschleifen
- Nägel sauber einschlagen – es darf keine Verletzungsgefahr durch gebogene Nägel bestehen
- auf eine stabile Brüstung achten; kleinere Kinder dürfen nicht unter der Brüstung hindurchrutschen können
- Haltepunkte beim Auf- und Abstieg schaffen
- eine möglichst geschlossene Bodenfläche erstellen, durch die keine Gegenstände nach unten fallen können

Sandkästen sollten mit einer Plane gegen Regen und Kleintiere geschützt werden. Befestigungsdetail (re.)

Der Garten als Kinderparadies: Eine Spielwiese zum Zelten macht Kinder glücklich

Beim Errichten von Baumhäusern hat Sicherheit oberste Priorität

Wasserfreuden

Was gibt es an heißen Sommertagen Erfrischenderes als kühles Nass? Ideal ist natürlich, wenn Grundstück und Geldbeutel groß genug für einen Swimmingpool oder einen Schwimmteich sind.

Pools bieten sauberes Wasser und viel Komfort, erfordern dafür aber viel Reinigungsaufwand und sind ökologisch wenig sinnvoll. Hier liegt der Vorteil eines Schwimmteichs. An seinen Uferzonen wachsen Sumpf- und Wasserpflanzen und er gliedert sich weitaus harmonischer in den Garten ein als ein Pool. Außerdem wird die Wasserqualität nicht durch Chlor oder andere Reinigungszusätze belastet.

Für Wasserspaß im Garten muss es aber nicht zwangsläufig gleich ein großer Pool oder ein naturnah gestalteter Schwimmteich sein. Kleine Kinder sind

schon mit einem Planschbecken überaus glücklich. Beim Aufstellen gilt es auf wenige Punkte zu achten: Der Untergrund sollte eben sein – eine Wiese oder eine Terrasse sind bestens geeignet. Achten muss man allein auf spitze Steine: Sie reißen nicht nur schnell ein Loch in den Kunststoff, sondern stellen auch eine Verletzungsgefahr dar.

In größeren, aufblasbaren Gartenschwimmbecken haben auch ältere Kinder und sogar Erwachsene Spaß. Zu bedenken ist hier allerdings, dass im Winter ausreichend Stauraum zur Lagerung benötigt wird.

Ohne jeden Aufwand erfrischt der Wasserschlauch. Das Erfrischungsvergnügen kann man hier leicht mit einer Gartendusche steigern.

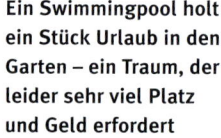

Ein Swimmingpool holt ein Stück Urlaub in den Garten – ein Traum, der leider sehr viel Platz und Geld erfordert

Gärtnern – das grüne Hobby

Ein schöner Garten lebt nicht allein von Luft und Liebe, sondern vor allem auch von Disziplin und Arbeit. Doch das Wirken im Garten ist für viele Menschen mehr ein Vergnügen denn eine lästige Pflicht. Sie begreifen Gärtnern als eine Chance, mehr Lebensqualität zu gewinnen und natürlicher zu leben. So wird aus der Arbeit ein Hobby – und dem nachzugehen, macht in einem bewusst gestalteten „Hobbyraum Garten" besonderen Spaß.

Gerätehäuschen

Ausreichend Platz ist das A und O beim Gärtnern. Das beginnt schon beim Stauraum: Kleine und große Gartengeräte, Rasenmäher, Schubkarre, Erde, Dünger, Kies, Töpfe, Pflanz- und Rankhilfen und vieles mehr wollen vernünftig untergebracht sein. Ein kleines Gerätehäuschen, das nicht mehr als 3 m² Grundfläche aufweisen muss, ist dafür ausreichend.

Der Handel bietet hier verschiedene Varianten an. Harmonisch gliedern sich vor allem kleine Holzschuppen in den Garten ein. Sie gibt es in den verschiedensten Ausführungen. Preisbestimmend sind dabei nicht nur Qualität und Verarbeitung der Wände, sondern vor allem auch die Art der Dachdeckung. Preiswerte Schuppen sind mit Wellblech oder Pappen gedeckt, aufwendige Gartenhäuschen mit Dachziegeln.

Als Alternative bieten sich Gerätehäuschen aus Stahlblech an. Diese sind preiswert und pflegeleicht, bieten dafür allerdings keinen besonders attraktiven Anblick. Fehlt in einem kleinen Garten der Platz für einen separaten Abstellraum, sind kreative Lösungen gefragt: Eine Holzkiste unter einer Bank, eine Sitzbank

mit integriertem Stauraum oder ein „Eckschrank" an einer Mauer oder an einer Ecke des Sichtschutzzauns bieten Platz für die wichtigsten kleineren Gerätschaften.

Gerätehäuschen benötigen einen stabilen Untergrund; bei größeren Abstellräumen ist ein Fundament erforderlich. Bei Holzkonstruktionen muss darauf geachtet werden, dass die Wände keinen direkten Erdkontakt haben, da ansonsten die Erdfeuchtigkeit sehr schnell das Holz angreift und mit der Zeit zersetzt.

Der Keller ist übrigens keine empfehlenswerte Alternative zu einem Gerätehäuschen. Da zum Gärtnern häufig relativ schweres und oft unhandliches Material oder Werkzeug bewegt werden muss, erweist sich die Kellertreppe als schweißtreibendes Hindernis.

Gartenhäuser aus Holz gliedern sich unauffällig in den Garten ein

Selbst kleine Schuppen bieten ausreichend Platz für eine gärtnerische Grundausstattung

Gartenhilfen

Gärtnern ist mit körperlicher Anstrengung verbunden. Bücken kann man mit entsprechend hohen Arbeitsflächen vermeiden. Ist das Gartenhäuschen groß genug, bietet es sich an, eine Küchenarbeitsplatte in rund 80 cm Höhe einzuziehen oder gar eine ganze Küchenzeile – etwa aus einer Haushaltsauflösung – aufzustellen. Die Unterschränke lassen sich dabei auch bestens zum Lagern von Materialien und Kleingeräten nutzen.

Eine Alternative dazu sind Stellagen, die vor allem das Ein- oder Umtopfen erleichtern. Diese müssen allerdings sehr stabil sein, da sie zum Teil sehr hohe Gewichte tragen müssen, beispielsweise feuchte Erde, Kies oder große Töpfe. Zierliche Konstruktionen, wie sie der Handel zahlreich anbietet, sind deshalb eher für dekorative Zwecke geeignet denn zum Arbeiten.

Früh- und Hochbeete

Mit Frühbeeten kann man dem Frühling schon in den letzten kalten Winterwochen ein wenig auf die Sprünge helfen. Verschiedenste Konstruktionen bieten sich

dabei zur Vorzucht unter Glas an. Empfehlenswert sind vor allem Treibkästen mit klappbarem Glasdeckel. Diese kann man mit ein wenig handwerklichem Geschick aus ein paar Brettern und einem alten Fensterrahmen auch leicht selbst bauen. Andernfalls gibt es im Handel zahlreiche Angebote.

Frühbeete müssen nach Süden ausgerichtet sein, damit die Sonne sie leicht erwärmen kann. Statt in einem Frühbeet unter freiem Himmel kann man Pflanzen auf Fensterbänken im Haus vorziehen. Ist das Gerätehaus groß genug, ergibt sich noch eine weitere Möglichkeit: Ein Teil des Daches wird verglast. So entsteht ein für diesen Zweck völlig ausreichendes Gewächshaus.

Zum Schutz vor Schädlingen bietet der Handel für ebenerdige Beete Schutzbespannungen an. Sie lassen sich relativ leicht aufspannen und mehrfach verwenden. Sie sind besonders bei Gemüsebeeten zu empfehlen.

Hochbeete sind Beete, die höher liegen als ihre Umgebung. Dies lässt sich beispielsweise durch eine Umrandung aus Palisaden, einige aufgeschichtete Bahnschwellen oder eine Trockenmauer aus Natursteinen erreichen. Diese Beete werden besonders gerne zur Anzucht verschiedener Gemüsearten verwendet – sie lassen sich in dieser Beetform einfacher pflegen. Man kann je nach Bedarf die passende Erde auffüllen, der Boden wird wärmer, lässt sich einfacher dränieren, und die Pflanzen wachsen schneller. Außerdem sind sie vor Schädlingen wie Schnecken besser geschützt.

**Gut ummantelt: Schutz-
bespannung für Beete**

Gewächshäuser

Je anspruchsvoller die gärtnerischen Anforderungen werden, desto mehr wächst das Bedürfnis nach einem Gewächshaus. Im Jahresverlauf lässt es sich vielfältig nutzen: Im Frühjahr dient es zum Anlegen von Frühbeeten, im Sommer zur Anzucht von Stecklingen oder zur Kultivierung von Gemüse wie Tomate und Paprika sowie in der kalten Jahreszeit zum Überwintern von nicht winterharten Pflanzen.

Standort

Wichtig ist vor allem der richtige Standort. Das Gewächshaus sollte ganztägig Sonne erhalten können und deshalb nicht im Schatten von Bäumen liegen. Optimal ist es, wenn von beiden Seiten des Giebeldaches aus gleichermaßen viel Sonne einfallen kann. Dazu sollte der First in Nord-Süd-Richtung ausgerichtet sein.

Größe

Die Größe eines Gewächshauses ist aus zwei Gründen entscheidend: Sie bestimmt zum einen, wie viele Pflanzen untergebracht werden können. Zum anderen bestimmt sie den Komfort: Je größer ein solches Gebäude ist, desto mehr Bewegungsraum bietet es nämlich auch. Bei zu kleinen Gewächshäusern wird beispielsweise das täglich notwendige Gießen während der Sommermonate zur Qual, weil man Teilbereiche oft nur gebückt erreichen kann.

Ausstattung

Je höher die technische Ausstattung ist, desto vielseitiger lässt sich das Gewächshaus nutzen. Das Überwintern von Pflanzen ist in unseren Breitengraden beispielsweise nur dann möglich, wenn das Gewächshaus beheizbar ist. Die Heizung muss dabei nur bei Frostgefahr anspringen. Fürs Überwintern ist es außerdem

erforderlich, dass das Gewächshaus verschattet werden kann. Andernfalls verbrennt die Wintersonne schnell empfindliche Pflanzen. Sinnvoll ist vor allem eine automatische Bewässerung, die sich mit Standard-Bewässerungssystemen für Gartenbeete preiswert realisieren lässt.

Nur wenige Gärten bieten so viel Platz, dass man ein Gewächshaus in einem wenig sichtbaren Gartenteil unterbringen kann. Ansonsten springt es meist deutlich ins Auge. Form und Optik spielen deshalb eine mitentscheidende Rolle. Leider gilt: Je schöner Gewächshäuser gestaltet sind – beispielsweise mit halb hohen Holzwänden und hölzernem Ständerwerk – desto teurer sind sie.

Größere Gewächshäuser bieten nicht nur mehr Raum für Pflanzen, sondern vor allem auch komfortable Arbeitsbedingungen

Durch eine ansprechende Rundumgestaltung gliedern sie sich auch in ein romantisches Gartenumfeld ein

Highlight – der Garten am Abend

Licht für den Lebensraum Garten

Ohne Licht gibt es kein Leben – und dementsprechend lässt sich die grüne Wohnung Garten am Abend nicht ohne künstliche Beleuchtung bewohnen. Gerade in lauen Sommernächten ist das Leben im Garten lebenswert – und eine durchdachte Beleuchtung kann das Gefühl von Entspannung, Zufriedenheit und Naturnähe eindrucksvoll unterstreichen.

Die Spielarten des Lichts

Licht ist dabei allerdings nicht gleich Licht. Man unterscheidet Licht zum Sehen, zum Vorsehen und zum Ansehen – oder ganz anders ausgedrückt: Eine durchdachte Lichtplanung schafft eine funktionale Grundbeleuchtung, erhöht die Sicherheit und weckt Emotionen.

Licht zum Sehen

Die Grundbeleuchtung sorgt dafür, dass Funktionen und Tätigkeiten von den wechselnden Tageszeiten unberührt bleiben. Sie betrifft dabei nicht nur den Garten an sich, sondern das gesamte Außenlicht rund ums Haus. Die wichtigsten Funktionen sind dabei:

■ Zufahrt und Zugang zum Gebäude und Garten unterscheiden sich eindeutig von Grünflächen. Das Licht weist den Weg und erleichtert es, sich zu orientieren.

■ Der Eingangsbereich lässt sich sofort lokalisieren. Fremde finden leicht den richtigen Weg und Hausbewohner müssen nicht rätseln, wer vor der Tür steht. Außerdem entfällt das lästige Schlüssellochsuchen.

■ Die wichtigsten Funktionsflächen im Garten wie die Terrasse oder die Hauptwege sind für ihre Nutzung aureichend hell beleuchtet.

Bei der Grundbeleuchtung kommt es daher nicht auf stimmungsvolles Licht an, sondern auf eine möglichst flächige, schattenfreie Ausleuchtung.

Licht zum Vorsehen

Dieses Licht vermeidet Gefahren beim Begehen und Befahren von Wegen. Fußgänger fühlen sich auf ausreichend beleuchteten Treppen und Zugängen

Licht zum Sehen: Die Grundbeleuchtung ermöglicht es, den Abend draußen zu genießen

Licht zum Vorsehen: Eine gezielte Beleuchtung lässt Gefahrenquellen wie Treppenstufen deutlich erkennen

Licht zum Ansehen: Die Gartenbeleuchtung hebt schöne Gartendetails aus der Dunkelheit hervor – beispielsweise ein Kunstwerk ...

... oder ein schönes Pflanzenbild

sicher. Autofahrer können Hindernisse wie Begrenzungssteine und kleine Mauern rechtzeitig erkennen. Ein- und Ausparken, aber auch Rangieren und Wenden fallen selbst auf begrenztem Raum nicht zu schwer.

Außerdem steigert die Außenbeleuchtung das subjektive Sicherheitsgefühl der Hausbewohner. Potenzielle Gefahren, die man aus einem Urinstinkt heraus im Schwarz der Nacht vermutet, verdrängt der Kopf im Schein von Lichtkegeln.

Zwar wird die Welt objektiv betrachtet durch das Licht nicht wirklich sicherer, aber zumindest kann man genau erkennen, was sich im Blickfeld tut. Und: Licht macht es ungebetenen Gästen schwer, unbemerkt in die unmittelbare Nähe des Hauses gelangen.

Licht zum Ansehen

Strahler heben schöne Pflanzen, einen Teich oder eine Statue aus der Dunkelheit hervor. Kleine Lichtakzente im Grün machen den Raum erfahrbar; das Flackern einer Kerze oder das Lodern eines offenen Feuers vermittelt Romantik und Natürlichkeit. Das Licht zum Ansehen bringt die Ästhetik des Gartens zur Geltung, fördert die Entspannung und regt die Sinne an.

Der Blick wandert über die Formen und Farben der erleuchteten Raumzone, kann sich an schönen Details festhalten und erfreuen. Und: Wenn der Garten abwechslungsreich und interessant beleuchtet ist, verwandelt sich im Haus der Blick aus dem Fenster vom „schwarzen Loch" zum anregenden Schaufenster – selbst noch im Winter.

Das Licht zum Ansehen unterstreicht zugleich die gemütliche Atmosphäre eines schönen Sommerabends zu zweit oder mit Freunden. Auch Gartenfeste sind ohne eine stimmige Beleuchtung kaum vorstellbar.

Leuchten: Kaufkriterien

Leuchten prägen das Ambiente des Gartens – und das nicht nur abends, sondern auch tagsüber. Denn viele Leuchten erweisen sich auch im abgeschalteten Zustand als Blickfänge; man denke nur an große gusseiserne Sockel- oder Pollerleuchten. Aber selbst, wenn am Tage die Lichtquellen nicht ins Auge springen, beeinflusst dies das Gesamterscheinungsbild von Haus und Garten. Dezente Ein- und Anbauleuchten, die sich unauffällig in Dachüberständen, Vordächern oder im Boden verstecken, konzentrieren den Blick auf den Garten oder die Architektur.

Bis auf wenige Ausnahmen bestimmen Aufbau und Technik der Leuchten die Lichtwirkung der Leuchtmittel. Beim Kauf einer Leuchte kommt es hier also auf zwei Faktoren an:

■ die Wirkung der Leuchte bei Tag, die durch Form, Farbe, Oberfläche und Material bestimmt wird, und

■ die Wirkung der Leuchte im Zusammenspiel mit den Leuchtmitteln.

Weiterhin sollte man beim Kauf einer Leuchte auf deren Energiebedarf achten. Da Außenleuchten oft viele Stunden in Betrieb sind, empfehlen sich vor allem Leuchten für Energiesparlampen oder mit Niedervolttechnik (Halogenlampen).

Das Typenschild

Beim Kauf einer Leuchte sollten Sie das Typenschild genau unter die Lupe nehmen. Hier finden Sie nämlich viele wichtige Angaben: Das genormte Schild zeigt neben Herstellername und Modellnummer vor allem, ob das Modell überhaupt für den Außenbereich geeignet ist. Entscheidend ist die Schutzklasse. Sie wird mit der Bezeichnung „IP" und nachfolgenden Ziffern ausgewiesen. Die Ziffern zeigen an, wie gut die Leuchte gegen

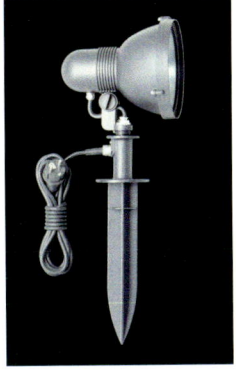

Aufbau und Lichttechnik bestimmen darüber, wie Leuchten im Garten eingesetz werden können

Feuchtigkeit und das Eindringen von Staub oder anderen Fremdkörpern geschützt ist. Je höher die Zahl ist, desto besser. Neben der Zahl kann auf der Leuchte auch ein entsprechendes Symbol abgebildet sein. Für den Außeneinsatz muss die Leuchte mindestens der Schutzart IP 43 (geschützt gegen Spritzwasser) entsprechen (siehe Tabelle).

Weiterhin ist die Bestückung von großer Bedeutung: Alle Leuchten dürfen nur bis zu einem bestimmten Grad belastet werden – dies betrifft die Spannungsaufnahme genauso wie die Hitze, die beim Betrieb entsteht. Deshalb weist das Typenschild genau aus, wie stark das Leuchtmittel maximal sein darf (Angaben in W – Watt).

KENNZIFFERN DER IP-SCHUTZARTEN	
1. Kennziffer: Schutz gegen Fremdkörper und Berührung	**2. Kennziffer: Schutz gegen Wasser**
0 ungeschützt	0 ungeschützt
1 geschützt gegen feste Fremdkörper > 50 mm	1 geschützt gegen Tropfwasser
2 geschützt gegen feste Fremdkörper > 12 mm	2 geschützt gegen Tropfwasser unter 15 °C
3 geschützt gegen feste Fremdkörper > 2,5 mm	3 geschützt gegen Sprühwasser
4 geschützt gegen feste Fremdkörper > 1 mm	4 geschützt gegen Spritzwasser
5 geschützt gegen Staub	5 geschützt gegen Strahlwasser
6 dicht gegen Staub	6 geschützt gegen schwere See
7 –	7 geschützt gegen die Folgen von Eintauchen
8 –	8 geschützt gegen Untertauchen

Außenleuchten im Überblick

Das Angebot an Leuchten für den Garten und den Außenbereich eines Hauses ist schier unüberschaubar. Allerdings lassen sich die Leuchten nach ihrem Aufbau in unterschiedliche Kategorien einteilen:

Strahler

Strahler sind nicht nur erste Wahl für die Beleuchtung von Blumen, Büschen und Bäumen, sondern auch für das gezielte Anstrahlen von Objekten oder architektonischen Details. Man unterscheidet ortsfeste von ortsveränderlichen Strahlern.

Ortsfeste Strahler

Diese Leuchten werden fest an einem bestimmten Punkt montiert. Je nach Ausführung kann man allerdings den Lichtkegel verändern und auf bestimmte Flächen ausrichten.

Besonders vielseitig lassen sich Strahler zur Montage an Wand und Decken einsetzen. Hier gibt es zahlreiche Variationen: Das Spektrum reicht von Einzel- und Doppelstrahlern bis hin zu Strahlerleisten, die es in unterschiedlichsten Materialien und Qualitäten gibt; gängig sind Kunststoffe, Edelstahl und Aluminium.

Beim Kauf gilt es besonders auf die Bestückung zu achten. Beliebt sind Strahler für 230-Volt-PAR-Reflektorlampen und für Halogen-Kaltlichtreflektoren. Bei beiden Lampentypen ist die Auswahl in Bezug auf die Abstrahlwinkel und die Leistungsaufnahme groß.

Wenn Sie größere Bereiche im Garten oder hohe Bäume anleuchten wollen, empfehlen sich Strahler für Hochdruck-Entladungslampen, die allerdings relativ teuer sind. Sehr wirkungsvoll gestaltet sich die Beleuchtung auch mit Erdeinbaustrahlern. Diese werden plan im Boden versenkt und richten ihr Licht senkrecht nach oben. Für diese Leuchten gibt es unterschiedliche Abdeckungen, die einer möglichen Blendwirkung entgegenwirken oder das Licht in bestimmte Richtungen lenken können.

Ortsveränderliche Strahler

In Blumenbeeten, aber auch rund um Wiesen und in Bäumen arbeiten Sie am besten mit ortsveränderlichen Strahlern. Diese Leuchten befestigt man mit einem

Der Handel führt ein breites Sortiment an Strahlern für den Gartenbereich, die sich nicht nur im Design, sondern auch in der Leistung und in der Befestigungsart unterscheiden:
1. an einen Ast geklemmt (li.)
2. mit einem Erdspieß befestigt (re.)

Gartenleuchten setzen
das grüne Zimmer auch
nachts ins richtige Licht

Erdspieß im Boden oder hängt sie an Äste oder Traversen.

Auch hier gibt es wieder Leuchten, die 230 Volt Spannung aufnehmen, und solche, die mit 12 Volt arbeiten. Die Spannungsaufnahme entscheidet über die Flexibilität: 230-Volt-Leuchten betreibt man am besten mit einem wasserdichten Stecker an Außensteckdosen. So kann man sie leicht von der Stromversorgung lösen und anderswo wieder anschließen: etwa Sommerbetrieb im Blumenbeet und zur kalten Jahreszeit im Wintergarten.

Niedervolt-Strahler arbeiten ökonomischer, die Flexibilität aber leidet aufgrund der festen Leitungszufuhr zum Transformator. Hochwertige Halogenstrahler verfügen über einen integrierten Transformator. Hier sind beide Vorteile miteinander verbunden: die effektive Beleuchtung mit Niedervolt-Halogen-Glühbirnen und die 230-Volt-Zuleitung für größtmögliche Flexibilität.

Bei den ortsveränderlichen Strahlern gibt es erhebliche Unterschiede in Bezug auf Verarbeitung, Betriebssicherheit und Material. Achten Sie hier beim Kauf darauf, dass an den Strahlern nichts wackelt, die Gelenke fest sitzen und der Leuchtenkörper insgesamt einen robusten Eindruck macht.

Niedervolt-Gartenleuchten-Sets

Sie begrenzen Wege, bringen Licht in Blumenbeete oder säumen gepflegte Wiesen: kleine Gartenleuchten in Pagoden-, Pilz- oder Kugelform, die als Gartenleuchtensets angeboten werden. Der Markt für diese Leuchten, die fast alle mit 12-Volt-Technik arbeiten, hat sich erst in den letzten Jahren entwickelt.

Alle Produkte zeichnen sich durch leichte Handhabung und Installation aus. Die Leuchten sind entweder mit einem Erdspieß oder einer leicht verschraubbarren Montageplatte ausgestattet. Die Hersteller arbeiten außerdem mit Modulsystemen, bei denen mehrere Leuchten kombiniert und besonders einfach mit Dämmerungssensoren oder Zeitschaltuhren ausgestattet werden können.

Die Leuchten sind außerdem gut geeignet, schmale Wege auszuweisen und sicher begehbar zu machen. Zum Ausleuchten größerer Flächen allerdings reicht die Lichtleistung normalerweise nicht aus – die Standardbestückung liegt je nach Typus und Hersteller zwischen 3 und 10 Watt. Größere Lichtkegel entstehen erst ab 30 W.

Solarleuchten

Gartenleuchten, die ohne Strom aus der Steckdose auskommen können, erfreuen sich großer Beliebtheit. In diesen Solarleuchten arbeitet eine kleine Photovoltaikanlage, die das Sonnenlicht in Strom umwandelt. Die meisten Solarleuchten verfügen über einen Dämmerungsschalter, der die Leuchte abends automatisch aktiviert. Außerdem können Sie diese Lichtquellen manuell schalten.

Solarleuchten erfüllen ihren Zweck nur, wenn tagsüber genügend Licht zur Verfügung steht. Doch selbst nach einem rundum sonnigen Tag reicht die gewonnene Energie meist nicht aus, um die Leuchte die ganze Nacht hindurch zu betreiben. Deshalb kann man Solarleuchten nur als Zusatzbeleuchtung einsetzen.

TIPP

Beim Kauf von Einbauleuchten sollten Sie darauf achten, dass diese wirklich für den Einsatz im Außenbereich konzipiert sind. Vermerke wie „Korrosionsbeständig" oder „Rostfrei" reichen dabei nicht aus.

Moderne Solarleuchten überzeugen nicht nur durch ihre Lichtleistung, sondern passen sich auch gut in das Gartenambiente ein

Um Wandleuchten dekorativ einsetzen zu können, muss die Spannungszufuhr sorgfältig geplant und ausgeführt werden

Deckeneinbau- und -aufbauleuchten

Downlights oder Tiefstrahler, wie diese Leuchten auch genannt werden, eignen sich hervorragend, um Terrassen flächig auszuleuchten oder gezielte Lichtakzente an überdachten Wänden zu setzen. Die Lichtwirkung ist stets von kühler Eleganz geprägt. Die Leuchten vermitteln aufgrund ihrer klaren Formen einen zeitgerechten Eindruck und passen so besonders gut zu moderner Architektur. Bei der Deckeneinbauleuchte verschwindet der Korpus zum größten Teil in der Decke, bei der Aufbauleuchte bleibt er sichtbar.

Wandleuchten

Die Leuchten gibt es in vielfältigen Varianten für unterschiedliche Leuchtmittel. Zeitgerecht sind Wandleuchten für Energiesparlampen. Viele Wandleuchten führt der Handel mit integriertem Bewegungsmelder und/oder Dämmerungsschalter. Dann schaltet sich das Licht entweder bei Bewegung im Erfassungsfeld des Melders oder aber bei einbrechender Dunkelheit automatisch ein.

Diese Lichtquellen leuchten Wege und Stufen, die an Mauern entlang führen, sehr wirkungsvoll aus. Im Prinzip handelt es sich um den gleichen Leuchtentyp wie bei den Decken-Einbau- und -aufbauleuchten, allerdings mit dem kleinen Unterschied, dass an der Wand immer ein optisches System das Licht direkt nach unten wirft. Die Leuchten werden in geringer Höhe – rund 50 bis 80 cm über dem Boden montiert. Ihre unaufdringliche Lichtwirkung mindert die Stolpergefahr. Die Montage setzt eine durchdachte Licht- und Leitungsführung voraus – in der Wand muss von vornherein ein Stromauslass vorgesehen sein.

Fluter

Hohe Lichtleistung, geringer Verbrauch und sehr günstiger Anschaffungspreis – mit diesen Vorteilen warten Fluter auf. Sie kommen immer dann zum Einsatz, wenn große Helligkeit gefragt ist.

Bei einer Lichtleistung von 150 W – größere Fluter arbeiten mit 300 W – sind diese Leuchten dafür prädestiniert, auf Terrassen oder rund ums Haus für Funktionslicht zu sorgen. So setzen zum Beispiel Strahler und Windlichter während einer Sommerparty dekorative Lichtpunkte, während am Ende des Festes die Helligkeit eines Fluters das Aufräumen erleichtert.

Wie bei den Strahlern bietet der Fachhandel die Fluter als ortsfeste und als ortsveränderliche Leuchten an. Bei den mobilen Lichtquellen stehen zwei Varianten zur Wahl: Fluter mit Erdspieß für den Garten und Fluter mit Standfuß, die universell überall dorthin Licht bringen, wo es gerade benötigt wird.

Mast- und Pollerleuchten

Alles Gute kommt von oben – dieser Ausspruch gilt ganz besonders für das Licht, denn von oben kommend verteilt es sich besonders gut. Lichtquellen für funktionale Beleuchtung am Haus bringt man deshalb in der Regel mindestens in 200 cm Höhe an. Auf freier Fläche sorgen Mast- und Pollerleuchten dafür, dass das Licht eine größere Fläche beleuchten kann. Von Mastleuchten spricht man ab einer Höhe von gut 170 cm; Pollerleuchten kommen auf 80 bis 120 cm Höhe.

Sie eignen sich zur Beleuchtung von Wegen und Zufahrten. Je breiter der Weg ist, desto höher muss die Lichtquelle liegen: Pollerleuchten eignen sich mehr für Wege, Mastleuchten für Zufahrten.

Wasserdichte Leuchten

Wasser gehört zu den attraktivsten Gestaltungsmitteln im Garten, vor allem im Zusammenspiel mit Licht. Der besondere Reiz liegt in den Spiegelungen auf der Wasseroberfläche und in faszinierenden Lichtwirkungen, die Unterwasserscheinwerfer aufgrund des sich brechenden Lichts entfalten. Leuchten für den Einsatz im Wasser müssen der Schutzart IP x7 entsprechen und werden mit zwei Tropfen als Symbol für wasser- und druckwasserdicht gekennzeichnet. Zwei Leuchtenarten sind von besonderem Interesse:

Schwimmleuchten

Diese kleinen, geschlossenen Kugelleuchten treiben auf der Wasseroberfläche und erzeugen ein sehr reizvolles Lichtspiel. Die Leuchten arbeiten mit 5- oder 8-W-Halogenlampen, der Transformator wird an einem trockenen und sicheren Platz installiert.

Fluter liefern viel Helligkeit rund ums Huas

Mastleuchten setzt man fast ausschließlich zur Beleuchtung von Wegen ein

Kleine Unterwasserscheinwerfer

Auch diese Strahler arbeiten mit Niedervolt-Halogen-Leuchtmitteln; zum Einsatz kommen Reflektoren und sehr kleine Stiftlampen mit 5 oder 8 Watt Leistung. Die Minileuchten eignen sich besonders für kleine Gartenteiche und Zierbrunnen, Strahler mit Reflektoren setzen Sie bei größeren Wasserflächen und Springbrunnen ein.

Weitere Leuchten

Lichterketten verleihen Gärten eine festliche Atmosphäre, und das sowohl wintertags als weiße Kunstkerzen in schneebedeckten Nadelbäumen, als auch sommertags als bunte Glühlampen rund um Partytische. Achten Sie darauf, dass die Ketten für den Außenbereich geeignet sind. Bei bunten Glühlampenketten, die es auch als leicht zu installierende und individuell anpassbare Bausätze im Fachhandel gibt, dürfen Sie beim Wechseln eines Leuchtmittels keinesfalls die Gummidichtung vergessen. Für die Illumination rund ums Haus bietet der Fachhandel

mittlerweile zahlreiche Sonderleuchten an. Dazu zählen zum Beispiel spezielle Partyleuchten wie Pen-Light, leuchtend grüne, rote oder gelbe Lichtschläuche mit einer grellen Lichtwirkung. Wer es eher romantisch mag, greift zu fernöstlich anmutenden, von innen beleuchteten „Steinen" aus Spezialkunststoff. Wer hier etwas Besonderes sucht, sollte sich nicht nur im etablierten Leuchtenhandel umschauen, sondern auch in Designershops und ausgefallenen Elektronikläden.

Offenes Licht

Offenes Licht unter freiem Himmel besitzt einen ganz besonderen Reiz. Dazu trägt schon ein Luftstoß bei, der Kerzen flackern lässt. Das Element Feuer kann man um so intensiver erleben, je größer die Flammen sind. Fackeln und Lagerfeuer entfalten so eine ganz besonders romantische Stimmung.

Perfekte Lichtstimmung im Garten ist ohne offenes Licht nicht vorstellbar. Es ergänzt hervorragend die Beleuchtung mit künstlichem Licht. Windlichter mit farbigen Gläsern und langen Haltestangen setzen in hohen Blumenbeeten und zwischen Sträuchern reizvolle Akzente, Klarglas-Windlichter und Petroleumlampen sorgen rund um Sitzgelegenheiten für eine natürliche Lichtstimmung. In windstillen Sommernächten faszinieren Schwimmkerzen auf kleinen Gartenteichen und zur Party lodern bunte Fackeln. Besonders effektvoll tauchen offene Lichter im Rahmen eines Soloauftritts den Garten in ein Lichtermeer aus Dutzenden von Teelichtern und Standardkerzen. Gruppieren Sie dazu immer mehrere Kerzen in einem Bereich und löschen Sie auch im Haus alle Leuchten, damit möglichst wenig Fremdlicht den schönen Anblick stört.

Unterwasserscheinwerfer faszinieren durch magisch anmutendes Licht

Top-Ten-Tipps zur Gartenbeleuchtung

Die Gesamtheit des Raumes erfassen und einzelne Punkte hervorheben, Tiefe erzeugen und Faszination vermitteln – diese vielfältigen Aufgaben erfüllt gutes Licht im Garten. Hier die wichtigsten Tipps zu diesem Thema.

1. Dezentrale Beleuchtung

Für den Garten empfiehlt sich immer eine dezentrale Beleuchtung mit Licht aus verschiedenen Quellen – und das selbst bei relativ kleinen Flächen wie etwa einem Blumenbeet oder dem Hauseingang.

Die Farb- und Helligkeitskontraste, die bei geschickter Anordnung mehrerer Leuchten entstehen, wirken angenehm; es entstehen verschiedene, ineinander übergehende Lichtzonen. Das Wechselspiel zwischen Licht und Schatten fällt facettenreicher und spannender aus.

2. Helligkeitskontraste

Wer über Licht nachdenkt, muss zugleich auch immer den Schatten berücksichtigen. Denn Licht wirkt nur im Gegensatz zur Dunkelheit – Ausstrahlung und bezaubernde Atmosphäre einer künstlichen Beleuchtung entstehen allein aus dem Spannungsverhältnis zwischen Hell und Dunkel.

Den beiden Polen gilt es mit besonderer Sensibilität gerecht zu werden. Allgemein gesehen ist man mit der Beleuchtung zunächst einmal bemüht, Helligkeit zu schaffen. Achten Sie aber darauf, dass sie nicht zu viel Licht oder zu viele Lichtpunkte einsetzen. Dann kann sich die Wirkung der Leuchten gegenseitig aufheben und es entsteht infolgedessen eine sterile, spannungslose Lichtatmosphäre. Weniger ist hier oft mehr: Wenn an Win-

terabenden allein eine zugeschnittene Tanne im Glanz einer Lichterkette erscheint, besitzt dies eine ungemein größere Wirkung als wenn noch zwanzig weitere Lichtpunkte ins Auge springen.

3. Tiefenwirkung

Die Dimension des Gartens heben Sie durch punktuelle Beleuchtung der Raumgrenzen hervor, so zum Beispiel von Bäumen oder Büschen, die sich im hinteren Gartenteil befinden. Je höher hier die angestrahlten Pflanzen sind, desto besser.

Denn wenn Sie gleichzeitig im mittleren Bereich des Gartens einige Lichtakzente setzen und direkt am Terrassenrand für einen stimmungsvollen Übergang von begehbarer zu bepflanzter Fläche sorgen, entsteht das Gefühl von großer räumlicher Tiefe. Durch geschickte Betonung von Vorder-, Mittel- und Hintergrund können Sie zugleich kleinere Gärten größer erscheinen lassen.

T I P P

Wenn die Leuchten die hinteren Begrenzungsflächen des Gartens anstrahlen, entsteht der Eindruck von räumlicher Tiefe.

Verschiedene, dezentral angeordnete Leuchten lassen den Garten als Raum erscheinen

Breit gefächertes Licht eignet sich besonders gut, Bodendecker oder flachwüchsige Pflanzen attraktiv in Szene zu setzen

4. Unterschiedliche Lichtszenarien

Mit unterschiedlich schaltbaren Leuchten und/oder ortsveränderlichen Leuchten lassen Sie „verschiedene" Gärten entstehen. So können zum Beispiel in einem Lichtszenario Blumen und Objekte in den Mittelpunkt rücken, in einem anderen Teich und Wasserspiele, in einem dritten Bäume und Büsche.

5. Offenes Licht

Beziehen Sie in Ihre Überlegungen auch offenes Licht mit ein – zum Beispiel Windlichter auf Tischen, Fackeln in Beeten und Schwimmleuchten auf kleinen Teichen. Das stets leicht flackernde Licht hebt sich immer von der künstlichen Beleuchtung ab und wird so besonders wahrgenommen. Offenes Licht bereichert das abendliche Lichtszenarium um eine besonders emotionale Variante: Es weckt Tiefenassoziationen wie z. B. Wärme, Schutz oder Natürlichkeit.

6. Licht für Blumen und Beete

Die Farben von blühenden Blumen kommen nachts im Kontrast zur schwarzen Außenwelt besonders gut zum Tragen. Während tagsüber oft genug unruhige, bunte Hintergründe die Farbkraft der Blumen schmälern, so ziehen Blüten in künstlichem Licht den Blick unbeeinflusst von der Umgebung auf sich.

Am besten arbeitet man hier mit ortsveränderlichen Strahlern, wobei man sorgsam auf die Bestückung achten sollte. Befinden sich die Strahler in unmittelbarer Nähe der Blumen, sollten Sie mit einer Lichtleistung arbeiten, die zu keinen Überstrahlungen führt. Wirkungsvoller sind in der Regel Strahler, die in einer gewissen Entfernung – rund 50 cm – zu den Blumen aufgestellt werden und so auf der beleuchteten Fläche ein gleichmäßigeres Licht erzeugen. Setzen sie keine Spot-, sondern Flood-Varianten ein.

Einzelne Strahler positioniert man am Rande eines Blumenbeetes. Empfehlenswert sind statt Einzelstrahlern etwas höhere Leuchten für zwei oder drei Reflektorlampen. Wenn Sie diese in der Mitte des Beets in die Erde stecken, führt dies zu einer flächigeren Beleuchtung, die aufgrund der unterschiedlichen Lichtzonen sogar noch etwas spannungsreicher ausfällt.

Blüten kommen besonders gut zur Geltung, wenn das Licht direkt von oben in den Blütenkelch leuchtet. Das heißt aber nicht zwangsläufig, dass das Licht immer von oben auf die Gewächse scheinen muss. Gerade bei größeren Pflanzen wie Rosen oder Ranken öffnen sich die Blüten auch zur Seite oder hängen schräg nach unten – dementsprechend können sich die Strahler auch am Boden oder in seitlicher Höhe an Bäumen befinden. In Steingärten oder Vorgärten mit vielen Boden-

Der Klassiker unter den Jahreszeitbeleuchtungen: die Lichterkette im Tannenbaum

Bei der Beleuchtung von Beeten und Büschen kommt es wesentlich auf die Entfernung zwischen Strahler und Pflanze ab. Je näher sich der Strahler an den Pflanzen befindet, desto mehr Details sind erkennbar

deckern können Sie gut niedrige Garten-leuchten in Pagodenform einsetzen, die ihr Licht gefächert und blendfrei nach unten abstrahlen. Das Licht breitet sich wie ein Schirm über den Pflanzen aus und verläuft am Rand. In größerer Entfernung zu Gehwegen oder Sitzpositionen wirken auch Kugelleuchten gut – achten Sie aber darauf, dass durch den besonders gut sichtbaren Leuchtenkörper keine Blend-wirkungen entstehen.

flach halten. Bei einer Beleuchtung aus größerer Entfernung kommt der Busch in seinen gesamten Ausmaßen gut zur Wir-kung. Nahe am Gebüsch postierte Leuch-ten, die direkt in das Innere strahlen, heben die Strukturen besonders ein-drucksvoll hervor: Während einige Blätter und Äste so gut wie bei Tageslicht erkennbar sind, erscheinen andere als Silhouette.

Weiter entfernt positio-nierte Lichtquellen las-sen das Auge die Pflan-ze als Ganzes erfassen

7. Licht für Büsche

Beim Anstrahlen von kleinen Gehölzen kommt es wesentlich auf die Entfernung des Strahlers an: Bei mittlerer Distanz heben sich Blüten besonders kontrast-reich zu Blättern und Nadeln ab. Den ein-fallenden Lichtwinkel sollte Sie dabei

TIPP

Bei der Standortwahl von Leuchten im Garten sollten Sie ortsfeste Strahler und Fluter zunächst nur provisorisch befesti-gen, dann ihre Lichtwirkung bei Nacht begutachten, um eventuell ihre Position noch einmal verändern zu können. Erst danach fest montieren.

Je nach Leuchtmittel entstehen unterschiedliche Lichtfarben, gut zu sehen im Vergleich von Halogen-Metalldampflampe (o.) und Natrium-Hochdrucklampe (u.)

8. Licht für Bäume

Bei Bäumen bieten sich zwei Beleuchtungsformen an: Von innen heraus durch Strahler (mit Schraubklemmen befestigt) und von außen durch leistungsstarke Bodenscheinwerfer. Die Innenbeleuchtung von Bäumen ist bei kleineren Pflanzen mit lichtem Blattwerk, wie jungen Birken oder Obstbäumen, ratsam. Hier bringt das Licht die Blätterform und das Geäst des Baumes gut zur Geltung. Achten Sie darauf, dass Sie die Strahler blendfrei ausrichten – am besten montieren Sie sie in Stammnähe mit schräg nach oben strahlendem Lichtkegel.

Erdeinbauscheinwerfer sind ebenfalls nur bei jungen oder kleinen Bäumen zu empfehlen. Bedenken Sie beim Positionieren der Leuchte, dass der Baum mit den Jahren weiter in die Breite wachsen wird und wählen sie keinen zu nahen Standort am Stamm.

9. Licht am Wasser

Licht und Wasser entfalten besondere Reize, hervorgerufen durch Spiegelungen,

Strahler unter Wasser faszinieren vor allem dann, wenn Sie Pflanzen oder Objekte über Wasser oder am Ufer anstrahlen

Bewegungen auf der Wasseroberfläche und der „Durchsichtigkeit" des Elements. Bei allen Wasserflächen sorgen mehrere Gartenleuchten des gleichen Typs, die unmittelbar im gleichen Abstand am Teichrand postiert werden, für interessante Spiegelungen. Zugleich wird der Teich in seinen Dimensionen erfassbar. Achten Sie darauf, dass die Spannungszufuhr zu den Leuchten sich in ausreichender Entfernung zum Wasser befindet, ansonsten müssen Sie wasserdichte Spezialleuchten einsetzen.

■ Besonders faszinierend wirken Unterwasserscheinwerfer, die ihr Licht durch eine dünne Wasserschicht direkt nach oben in das Blätterwerk von Bäumen oder Sträuchern werfen. Positionieren Sie diese Leuchten also möglichst direkt am Uferrand.

■ Kleinere Unterwasserleuchten setzen Wasserspiele in Brunnensteinen effektvoll in Szene.

■ Schwimmleuchten entfalten ihre Wirkung am besten zwischen flachen Wasserpflanzen, etwa Seerosen.

10. Licht für Objekte

Das Ausleuchten von Skulpturen und Plastiken erfordert sehr viel Fingerspitzengefühl, denn hier schafft erst das richtige Zusammenspiel von Licht und Schatten räumliche Tiefe und Plastizität. Direktes Licht von vorn und unten oder von oben wirkt in der Regel nicht besonders vorteilhaft. Größere Tiefe erzeugt Seitenlicht; harte Schlagschatten vermeiden Sie, indem Sie zwei Spots einsetzen. Die eine Lichtquelle dient dabei lediglich als Aufheller für die Schatten der anderen. Dazu postieren Sie den Aufhellstrahler in größerer Entfernung zum Objekt. Probieren Sie unterschiedliche Lichtszenarien aus, bevor Sie sich für eine endgültige Montageposition entscheiden.

Sicherheit auf Wegen und Treppen

Sicherheit ist bei Wegen das oberste Gebot. In Bezug auf die Beleuchtung kommt es dabei auf folgende Faktoren an:

- gleichmäßige Ausleuchtung,
- ausreichende Helligkeit,
- eindeutige Wegführung,
- Vermeiden von Blendwirkung,
- Berücksichtigung unterschiedlich reflektierender Bodenbeläge bei der Bestückung der Leuchten.

Bei längeren, schmalen Wegstrecken empfehlen sich entweder vereinzelte Pollerleuchten oder mehrere Gartenleuchten. Aufgrund ihrer Bauhöhe sorgen Pollerleuchten auf breiter Fläche für ausreichendes Licht; deshalb kann man sie auch in größeren Abständen zueinander aufstellen. Gartenleuchten sind wesentlich niedriger – um eine gleichmäßige Ausleuchtung des Weges zu erreichen, müssen sie also enger zusammenrücken. Das hat allerdings den Vorteil, dass eine deutlich wahrnehmbare Lichtlinie entsteht, die Ortsfremde lenkt. Bei Gehwegen reicht es aus, nur auf einer Seite Leuchten aufzustellen.

Bei geraden, ebenen Wegen muss man nicht so viel Licht aufwenden wie bei un-

übersichtlichen und vor allem holprigen Strecken. Besonders Wege, die leicht bergauf oder bergab führen, sollten gut beleuchtet sein. Durch Feuchtigkeit, Schnee und Eis besteht hier nämlich erhöhte Rutschgefahr.

Unbeleuchtete Treppen sind extrem gefährlich – wer hier ins Stolpern gerät, kann sich erheblich verletzen. Deshalb sollten Sie die Lichtführung an Treppen sehr sorgfältig planen. Im Gegensatz zu Wegen kommt es dabei nicht nur darauf an, dass man die Oberfläche gut erkennen, sondern vor allem, dass man die Höhe der Stufe mit dem Auge leicht erfassen kann. Dazu trägt Schatten bei. Fällt Licht genau senkrecht von oben auf die Treppenstufen, erscheinen sie als ebene Fläche. Erst wenn das Licht von der Seite einfällt werden Konturen deutlich erkennbar. Aber Achtung: Wird das Seitenlicht zu stark, werden die Schatten länger als die Stufen – dann sind diese nicht mehr zu erkennen.

Gutes Licht an Treppen macht außerdem den gesamten Verlauf der Treppe sichtbar. Berücksichtigen Sie, dass Anfang und Ende der Treppe deutlich aus der Dunkelheit hervorgehoben sein sollten.

Die spärliche Beleuchtung der Stufen reicht nicht aus, um die Treppe gefahrlos begehen zu können (li.)

Die optimale Ausleuchtung macht den Weg zum Haus sicher (re.)

Register

Abdeckung 74
Ablageflächen 68
Abstellfläche 65, 69
Abstellraum 77
Abstelltisch 61
Aktivitätsraum 73
Aluminium 84
Ambiente 8, 47, 56
Ampelschirm 59
Anbauleuchten 83
Ästhetik 7
Atmosphäre 8, 61, 82
Aufhellstrahler 92
Auflagen 56, 57
Aufsicht 74
Ausleuchtung 93
– schattenfreie 81
Außenbeleuchtung 82
Außenkamin,
  gemauert 71
Außenleuchte 83
Außensteckdose 85

Bachlauf 39
Bagua 42
Bagua-Zone 45
Ballspiele 73
Bank 21, 47, 54
Bauerngarten 9, 15, 47
Bäume 12, 32, 90
Baumpflanzung 11
Beerensträucher 28
Begegnung 61
Begegnungs-
  bereiche 73
Begrenzungsfläche 14
Begrenzungssteine 82
Beistelltische 65
Beleuchtung 65, 81, 82
–, punktuelle 89
Bepflanzung 8, 12, 27,
  31, 34, 38, 63, 64
Bepflanzungs-
  planung 18
Bepflanzungszonen 20
Bestandsaufnahme 18
Bewässerungs-
  systeme 79
Bewegungsmelder 86
Bewegungsraum 64,
  66, 79
Bierzeltgarnitur 66
Bio-Rost-Geräte 69
Bistrotisch 8, 47, 53
Blickachsen 13
Blickpunkt 13
Blumenbeet 27
Blütenfarbe 14
Boccia 73
Bodenbeläge 29, 34,
  36, 75, 93
Bodendecker 37, 73
Bodenscheinwerfer 92
Buchs 25
Buffet 67
Büsche 90

Chi 40
Chinesische Lehre 42

Dämmerungsschalter 86
Deckchairs 47, 52
Deckenaufbau-
  leuchten 86

Deckeneinbau-
  leuchten 86
Dekoration 65
Design 56
Designobjekte 17, 54
Designwahl 56
Detailgestaltung 43
Dezentrale
  Beleuchtung 89
Doppelstrahler 84
Downlights 86
Duftintensität 27
Durchgänge 38

Edelstahl 84
Eigenenergie 45
Einbauleuchten 83
Eingang zum Garten 43
Eingangsbereich 45, 81
Einheit, gestaltete 7
Eintopfen 78
Einzelstrahler 84, 90
Eisen 55
Eisenstuhl 47
Elektrogrill 68
Energiesparlampe 83
Entfaltungsraum 7
Entspannung 23, 32
Entspannungsgarten
  20, 25, 34
Entspannungsmöglich-
  keiten 30
Entspannungsplatz 62
Entspannungsraum 30
Erde, verdichtete 35, 75
Erdeinbauschein-
  werfer 92
Erdspieß 85, 87
Erholungswert 26
Erlebnisgarten 29
Erlebnisweg 35
Erlebniszonen 29

Fackel 66, 88, 90
Familienfreundlicher
  Garten 19
Farbe 14, 42
Farbpsychologie 24
Feng-Shui 40, 43
Fensterbänke 78
Fensterrahmen 78
Feuer 88
Fläche 42
Flood-Varianten 90
Fluter 87
Formaler Garten 15, 47
Formen 42
Freifläche 7, 45
Freizeitaktivität 73
Freizeitbeschäftigung
  73
Frühbeete 78, 79
Funktionsbereiche 10
Funktionsflächen 81
Funktionslicht 67
Funktionsräume 10
Funktionswege 34
Fußball 73

Gartenbank 10, 20, 54
Garten-
  beleuchtung 89
Gartendusche 76
Gartenfest 82

Gartengestaltung 9, 12,
  35, 47
Gartenhäuschen 8, 11,
  78
Gartenhilfe 78
Gartenkamin 8
Gartenlaube 62
Gartenleuchte 91, 93
Gartenmöbel 47
Gartenmöbelpflege 55
Gartenmöbilierung 47
Gartenparty 66
Gartenplanung 10, 12,
  28
Gartenschwimm-
  becken 76
Gartensessel 51
Gartenteich 20, 88
Gartentisch 10, 61, 63
– kleinerer 53
Gartentor 43
Gartentypen 12, 15
Gasgrill 68
Gehölze 19
Gehwege 93
Geländer 36
Gemüsebeete 78
Gemütlichkeit 63, 66
Geraden 40
Gerätehäuschen 77
Geräteschuppen 19
Geräusche 26
Gesamtbild 14
Gesamtgestaltung 47
Gesprächsoase 62
Gestaltungselement 7,
  8, 47
Gestaltungsregeln 12,
  15
Gewächse, heimische 17
Gewächshaus 78, 79
Gleichgewicht 42
Glühlampenkette 66, 88
Grill 8
– fest installiert 70
Grillen 68
Grillgeräte 68
Grillkamin 70, 71
Grillplatz 11, 21, 70
Grundbeleuchtung 81
Grunddekoration 67
Grundelemente 18
Grundentwurf 18
Grundfläche 24
Grundgestaltung 43
Grundkonstruktion 75
Grundplanung 9
Grundstücksgrenze 33
Grundstücksgröße 9
Grünflächen 81
Gusseisengrill 68

Halogen-Kaltlicht-
  reflektoren 84
Halogenlampe 83
Halogenstrahler 85
Hangbepflanzung 29
Hängekonstruktion 54
Hängematte 7, 54
Harmonie 40
Hartholz 35, 54, 55
Hauptwege 81
Hecke 23, 38
Helligkeit 6, 93

Helligkeitskontraste
  13, 89
Himmelsrichtung 18, 41
Hochbeete 78
Hochdruckentladungs-
  lampe 84
Hollywoodschaukel 54
Holzkiste 77
Holzkohlegrill 68, 70
Holzschirm 56, 58
Holzstuhl 47
Holztisch 52
Hügel 20

Insekten 64
Inselcharakter 31
Intimität 61, 62

Japanischer Garten 9,
  15, 24

Kamin 70
Kantensteine 37
Kaufentscheidung 48
Keller 77
Kerze 82, 88
Kiefermöbel 48
Kiefernholzbank 47
Kies 35
Kinder 74
Kissen 56
Klangspiele 26, 43
Klappliegen 50
Klapptisch 53
Kleintiere 67
Klettergerüst 74, 75
Königskerze 25
Kontraste 13, 24
Kraft des Lebens 40
Kraft, positive 41
Kräuter 28
Kübelpflanzen 29, 64
Kultivierung 79
Kulissentisch 53
Kunstkerze 88
Kunststoff 55, 84
Kunststoffschirm 59

Lacke 74
Lagerfeuer 88
Lagerung 76
Lagerungseigen-
  schaften 49
Lampentyp 84
Lampions 67
Landhausschirm 58
Landhausstil 56
Lärmbelastung 26
Lasuren 74
Laubbäume 32, 33
Laubengang 38
Lebensbaum 25
Lernräume 78
Leuchten 83
– wasserdichte 87
Leuchtenbestückung 83
Leuchtmittel 83
Licht 81
– am Wasser 92
– für Bäume 92
– für Beete 90
– für Blumen 90
– für Büsche 91
– für Objekte 92

– offenes 88
– zum Ansehen 82
– zum Sehen 81
– zum Vorsehen 81
Lichtakzente 82, 86, 89
Lichtatmosphäre 89
Lichteinfall 10
Lichterkette 67, 88, 89
Lichtkegel 84, 92
Lichtleistung 87, 90
Lichtplanung 67
Lichtpunkte 87, 89
Lichtquelle 83, 86, 87
Lichtstimmung 88
Lichtszenarien,
   unterschiedliche 90
Lichttechnik 83
Lichtwirkung 86
Lichtzauber 67
Lichtzonen 89
Liebhabergarten 16, 21
Liegen 47
Liegeplatz 11, 20, 24
Linien, gerade 44

Markise 59
Mastleuchten 87
Materialen, witterungs-
   beständige 48
Materialien 7
Mediterraner Garten 16
Mini-Gewächshaus 79
Mischbeleuchtung 67
Möbel 47
– aus Aluminium 52
– aus Kunststoff 52
– aus Pressholzplatten
   52
– aus Stahlblech 52
– Farbe 47
– Form 47
– Material 47
Moderner Garten 17
Muschelzypresse 25
Musterplanung 19

Nähe 61
Naschgarten 28
Naturgeräusche 25
Naturnaher Garten 17
Natursteine 78
Natursteinmauer 23,
   26, 28
Natursteinplatte 35
Naturteich 39
Neugestaltung 12
Niedervolt-Garten-
   leuchten-Sets 85
Niedervoltstrahler 85
Niedervolttechnik 83
Niedervolt-Halogen-
   Leuchtmittel 88
Nutzungsfläche 18
Nutzungsfunktion 9
Nutzungsschwer-
   punkte 19

Obstbäume 28
Offenes Licht 88, 90

Palisaden 78
PAR-Reflektorlampen 84
Partylichter 66
Partyraum 66
Pavillon 21
Pen-Light 88
Pergola 21, 28, 33, 38,
   67

Perspektive 13
Petroleumlampe 88
Pflanzanordnung 41, 63
Pflanzen 14
– giftige 73
– winterharte 79
Pflanzenanordnung 43
Pflanzinseln 14
Pflanzzonen 13
Pflegeintensität 49
Pflegemaßnahmen 49
Plane, spannbare 74
Planschbecken 76
Planung 23
Plastiktisch 47
Plastizität 92
Pollerleuchte 87, 93
Praxistauglichkeit 48
Primärbepflanzung 13

Qualitätsunter-
   schiede 50
Quellstein 39

Randbefestigung 37
Randflächen 74
Rankhilfen 31
Rankpflanzen 33
Rasenpolo 73
Rattan 55
Rattanmöbel 48
Rauch 70
Rauchentwicklung 69,
   70
Raumgrenze 89
Räumliche Tiefe 92
Reflektorlampe 90
Reinigung 49
Reinigungsaufwand 76
Relax-Oase 23
Rhythmus 14
Rindenmulch 75
Rittersporn 25
Romantik 63
Rosenspalier 38
Rücksichtnahme 70
Rückzugszone 75
Ruheplatz 23
Rundtorbogen 38
Rutschgefahr 93

Sandkasten 19, 74
Schädlinge 78
Schallschutz 26
Schatten 19, 21, 93
Schattenplatz 33
Schattenspender 28, 58
Schattenzone 18
Schaukel 75
Schilfgräser 23
Schlagschatten 92
Schnittkanten 75
Schutzanstrich 74
Schutzbespannung 78
Schwimmkerze 88
Schwimmleuchte 87,
   90, 92
Schwimmteich 76
Segel 59
Seitenlicht 92, 93
Sicherheit
– auf Treppen 93
– auf Wegen 93
Sicherheitsgefühl 82
Sichtbarrieren 29
Sichtschutzwand 20,
   26, 28
Sichtschutzzaun 23, 30

Sitzbereiche 10
Sitzgelegenheit 66, 74,
   88
Sitzgruppe 33
Sitzkomfort 51
Sitzplatz 10, 11, 61, 63,
   66
Sitzplatzgestaltung 64
Solarleuchte 86
Sommerabend 82
Sommerfest 66
Sommerparty 66
Sommerstimmung 68
Sonderleuchte 88
Sonne 10, 11, 79
Sonneneinstrahlung 48,
   63
Sonnenliege 7, 47, 48,
   50
Sonnenpavillon 59, 62
Sonnenschirm 32, 56,
   58
Sonnenschutz 58
– natürlicher 32
Spannung 34
Spannungsaufnahme 85
Spiegel 43
Spiel 73
Spielgerät 11, 73, 75
Spielplatz 73
Spielsand 74
Spielwiese 73
Sport 73
Spot-Varianten 90
Springbrunnen 39, 88
Stahlgrill 68
Standliegen 50
Stauraum 76, 77
Steckdosen 65
Stecklinge 79
Steg 20
Stehtisch 66
Steingarten 9, 17, 20
Steinmauer 30
Stellagen 78
Strahler 82, 84, 87, 88,
   90, 92
– ortsfeste 84, 91
– ortsveränderliche 84
Strahlerleiste 84
Strandkorb 56
Stufen 36, 93
Stufenhöhe 36
Stuhl 7, 47, 52, 62, 63
Swimmingpool 76
Symbole 41, 43
Symbolkraft 43, 44

Tapeziertisch 67
Teakholzstuhl 47
Teelichter 88
Teich 39, 90
Terrasse 7, 19, 20, 21,
   52, 63, 64, 86, 87
Terrassentür 43
Tiefe, räumliche 13, 38
Tiefenwirkung 89
Tiefstrahler 86
Tisch 7, 10, 47, 52,
   62, 63
– kleiner 61
– dreibeiniger 65
– standfest 65
Tischform 63
Tote Ecken 44
Traumgarten 18
Treffpunkt 21
Treibkästen 78

Treppe 36, 37, 93
Treppensicherheit 93
Trittbreite 36
Trittsteine 35
Trittstellen 35
Trockenmauer 31, 78
Trockenraum 66
Typenschild 83

Übergänge 38
Überstrahlung 90
Überwintern 79
Uferstauden 39
Umgebung,
   schützende 30
Umgebungsfläche 12,
   13, 31
Umtopfen 78
Unterlage 56
Unterwasserleuchte 92
Unterwasserschein-
   werfer 88, 92

Verbindungsachsen 34
Verletzungsgefahr 73,
   75, 76
Verschattung 33
Vorfreude 23
Vorzucht 78

Wachstumshöhe 14
Wandleuchte 86
Wasser 40, 44
–, sauberes 76
Wasserflächen 88
Wasserfreuden 76
Wassergarten 17, 39
Wasserpflanzen 76
Wasserqualität 76
Wasserspiele 90
Wege 28, 29, 37, 63, 87
Wegeführung 18, 34, 93
Wegeplanung 34
Wegesicherheit 93
Wegstrecke 34
Weichholz 54, 55
Werksteinplatte 35
Windlicht 67, 87, 88, 90
Witterungsbeständig-
   keit 48
Witterungseinfluss 33,
   62
Wohlbefinden 61
Wurzelverhalten 33

Yang 42
Yin 42
Yin-Yang-Gleichgewicht
   44

Zaun 38
Zeichenhaftigkeit 43
Zierbeet 20, 21
Zierbrunnen 88
Ziertabak 25
Zufahrt 81, 87
Zugang 81
Zusatzbeleuchtung 86

Bildnachweis
Fotos: FALKEN-Archiv S. 67 o., 68, 69; Fördergemeinschaft gutes Licht, Frankfurt/M: S.66, 80-85, 86 u., 87–93; Gartenholz: osmo.gard, Münster: S. 30 l.u., 31, 46, 47, 48, 49, 51 o., 53 r., 54 o., 57 u., 59 u., 63 o., 74, 75 r.o., l.o., 77 u.; Hermann Hackstein, Hagen: S. 2, 3, 17 o., 27, 32 o., 42 u., 73 u.; Kago, Postbauer: 70; Pflanzenbildarchiv MFW, Basel: 28; Jürgen Schossig, Kandern: S. 9 o., 12, 14 u., 15 l., 17 M., 24 l., 30 o., 33, 36 o., 37 o., M., 38, 39 o., 40, 50 o., 52 M., 55, 58 u., 64, 75 u.; Christian Vapperaux, Münster : S. 1, 2, 5 o., u., 6, 7, 8, 9 u., 10, 11, 13, 14 o., 15 r., 16, 17 u., 22, 23, 24 r., 25, 26, 29, 30 r.u., 32 u., 34, 35, 36 M., u., 37 u., 39 M., u., 41, 42 o., M., 43, 44, 45, 50 u., 51 u., 52 o., u., 52 l., 54 M., u., 56, 57 o., 58 o., 59 l.o., r.o., 61, 62, 63 u., 64 o., l.u., 65, 67 u., 71, 72, 73 o., 75 M., 76, 77 o., 78, 79; Wagner Leuchten, S. 86 o.; alle Übrigen: Medien Kommunikation Tobias Pehle, Unna.
Zeichnungen: Ulrike Hoffmann: S. 19, 20, 21, 43 o.
Umschlagbilder: Titelbild groß gettyimages/Brand x Pictures; Einklinker vorne (1. und 3. Bild von li.) : Reinhard-Tierfoto, Heiligkreuzsteinach; 2. Bild von li.: agrarfoto/H.P. Zwicklhuber; 4.Bild von li.: Georg Bortfeldt, Hückeswagen; 5. Bild von li.: blickwinkel/O.Giel.

In Zusammenarbeit mit der Zeitschrift FLORA, Hamburg.

Mitarbeit: Jürgen Herbold, Johannes Steinkühler, Yara Hackstein, Hermann Hackstein

Für Ihre Unterstützung bedanken wir uns bei: Pflanzen Herbold, Siglingen, Il Giardino, Annegret Verfürth, Münster-Nienberge

Bibliografische Information Der Deutschen Bilbliothek
Die Deutsche Bibliothek verzeichnet diese Publikation in der Deutschen Nationalbibliografie; detaillierte bibliografische Daten sind im Internet unter http://dnb.ddb.de abrufbar.

ISBN 3-8001-4403-4

© 2004 Eugen Ulmer GmbH & Co.
Wollgrasweg 41, 70599 Stuttgart (Hohenheim)
Internet: www.ulmer.de

Projektleitung: Ute Rather
Redaktion, Herstellung und Satz: FROMM MediaDesign GmbH, Selters/Ts.
Reproduktion: Lithotronic, Frankfurt a. M.
Einbandgestaltung: Michaela Mayländer, Stuttgart
Druck und buchbinderische Verarbeitung: aprinta, Wemding
Printed in Germany